四溴双酚 A 污染控制技术研究

韩　琦　张　帆　陈鸿芳　主编

科学出版社

北京

内 容 简 介

本书是团队长期以来在四溴双酚 A（TBBPA）降解机理、毒性风险等方面的研究成果。本书梳理了 TBBPA 的性质、环境介质和生物体中含量、生物毒性，以及降解研究现状、问题等；分别系统性地开展臭氧氧化技术和高铁酸盐氧化工艺对 TBBPA 的降解效能、降解机理和生物毒性控制效果的研究，归纳总结了臭氧氧化技术和高铁酸盐氧化工艺去除污染物的现状和技术瓶颈；通过对比两种单独氧化工艺的优缺点，率先提出了高铁酸盐-臭氧联用工艺，总结了联用工艺的优势，并对联用工艺进行反应条件优化、副产物控制效果研究及机理分析。

本书适合新污染物环境风险控制、降解治理、高级氧化技术研发等领域的科研工作者、教师、学生及相关行业的企业管理者、专业技术人员参阅。

图书在版编目（CIP）数据

四溴双酚 A 污染控制技术研究/韩琦，张帆，陈鸿芳主编. —北京：科学出版社，2023.10
ISBN 978-7-03-076257-3

Ⅰ.①四… Ⅱ.①韩… ②张… ③陈… Ⅲ.①溴—阻燃剂—空气污染控制—研究 Ⅳ.①X511

中国国家版本馆 CIP 数据核字（2023）第 164220 号

责任编辑：郭勇斌 彭婧煜 常诗尧 / 责任校对：杨赛
责任印制：徐晓晨 / 封面设计：义和文创

科 学 出 版 社 出版
北京东黄城根北街 16 号
邮政编码：100717
http://www.sciencep.com
北京中科印刷有限公司 印刷
科学出版社发行 各地新华书店经销

*

2023 年 10 月第 一 版 开本：720 × 1000 1/16
2023 年 10 月第一次印刷 印张：10 1/2
字数：155 000
定价：98.00 元
（如有印装质量问题，我社负责调换）

本书编委会

主　　编：韩　琦　张　帆　陈鸿芳

编　　委：顾玉蓉　阳立平　余波平

　　　　　王宏杰　董文艺　曾勇辉

　　　　　刘　洋　王小江　林　武

　　　　　谢林伸　黄　毅

前　言

随着人们防火意识和产品安全标准的日益提高，阻燃剂被广泛应用于各种产品的生产中，其中，溴系阻燃剂是应用最广的一类。四溴双酚 A（TBBPA）是目前全球产量和使用量最大的溴系阻燃剂，被广泛应用于电子、塑料、建筑、纺织等领域。毒理学研究表明，该物质具有多重毒性，尤其对水生生物具有较强的急性毒性和慢性毒性；同时，其在迁移转化或降解过程中生成的部分中间产物可能具有更高的毒性，如果随废水排入环境中，会对受纳水体安全构成威胁。

随着 TBBPA 在环境介质中被广泛检出且浓度已由几纳克级上升至几百微克级，由于其潜在的持久性、生物积累性及对环境生物甚至人体的多重毒性，针对 TBBPA 的降解研究越来越受到环境领域工作者的重视。近年来，国内外学者对 TBBPA 的研究越来越多地从关注其在环境介质和生物体内含量、区域分布及迁移转化等方面，逐步转移到 TBBPA 的降解技术研发、降解机理探索、废水生物毒性评价及控制等方面。水中 TBBPA 的降解技术主要包括生物降解技术、物理降解技术、光降解技术、臭氧氧化技术等，但大部分技术尚处于起步阶段。相对而言，臭氧氧化技术已被广泛应用于处理难降解有机污染物，该技术除污效果显著、便于实施、推广应用更方便。单独臭氧氧化技术虽然对 TBBPA 有一定的去除效果，但缺乏对中间产物、降解机理、生物毒性等的系统研究，且臭氧氧化技术存在溴酸盐生成等风险。而近年来逐渐受到关注的高铁酸盐氧化工艺，已被证实对多种难降解有机污染物具有良好的降解效果，但目前关于该工艺降解 TBBPA 的研究基本处于空白。同时，已有少量研究表明，两者的联用工艺可以更好地促进有机物的降解。

本书在文献归纳的基础上，梳理了 TBBPA 的环境赋存、生物毒性和降解研究现状。在此基础上，分别研究臭氧和高铁酸盐两种氧化工艺对

TBBPA 的降解效能与机理，并进一步考察联用工艺降解 TBBPA 的效能与机理，为降解水中 TBBPA 提供更多选择性。

本书分别系统地研究了臭氧和高铁酸盐氧化降解 TBBPA 的效能与机理。结果表明，两种单独氧化工艺均可快速、高效地降解 TBBPA；相对而言，臭氧氧化技术表现出较高的脱溴水平，但处理过程也存在较高溴酸盐生成风险；高铁酸盐氧化工艺对溶液 pH 具有较强的适应性，且整个反应过程中均无溴酸盐生成风险；高铁酸盐氧化工艺对急性毒性的控制水平与臭氧氧化技术持平，对慢性毒性的控制水平优于臭氧氧化技术。但两种单独氧化工艺均无法同时满足污染物高效降解、有毒中间产物和生物毒性风险控制的目标。因此，本书通过对比分析，提出了高铁酸盐-臭氧联用工艺的优势，进一步研究了该联用工艺降解 TBBPA 的效能与机理。结果表明，该联用工艺在高效降解 TBBPA 的同时，具有较高的脱溴水平，且对溴酸盐和生物毒性均有显著的控制效果。

感谢深圳市环境科学研究院、哈尔滨工业大学（深圳）的相关编写人员，为本书的出版做出了很大的贡献；感谢出版社编辑同志的大力支持；感谢课题研究过程中相关专家学者和环保技术人员的大力协助；同时，本书编写过程中参阅和引用了国内外大量相关文献和专著，在此一并表示最诚挚的感谢。

由于编者水平和经验有限，书中难免有不足之处，敬请同行专家批评指正。

编者

2023 年 5 月

目　　录

第1章 四溴双酚 A 简介

随着人们的防火意识不断提高、对产品安全标准日益严格，阻燃剂被广泛应用于各种产品的生产及制造中，其中溴系阻燃剂（brominated flame retardants，BFRs）是应用最广的阻燃剂[1]。四溴双酚 A（tetrabromobisphenol A，TBBPA）是目前全球产量和使用量最大的溴系阻燃剂；据统计，每年 TBBPA 全球产量大约为 1.7×10^5 t，占全部 BFRs 的 60%以上，被广泛应用于电子、塑料、建筑、纺织等领域[2]。毒理学研究表明，TBBPA 具有多重毒性，尤其对水生生物具有较强的急性毒性和慢性毒性；同时，其在迁移转化或降解过程中生成的部分中间产物可能具有更高的毒性，对受纳水体造成持久性污染[3]。而随着 TBBPA 的大量使用，其在加工、使用及废物处置过程中可随废气、废水、废物被释放进入各种环境介质中，给环境健康带来一定隐患[4]。

1.1 四溴双酚 A 的性质

四溴双酚 A，其化学名为 4,4′-(1-甲基亚乙基)双(2,6-二溴)苯酚；四溴双酚 A 是双酚 A（bisphenol A，BPA）的溴化衍生物，溴含量高达 58.8%（质量分数），其合成方法主要为溴化氧化法，包括通氯溴化法、Br_2-H_2O_2法、NaBr-NaClO$_3$法、NaBr-NaBrO$_3$法、NaNO$_2$催化 Br$_2$-O$_2$法等[5-6]。四溴双酚 A 的结构如图 1-1 所示，其主要物理化学性质如表 1-1 所示。

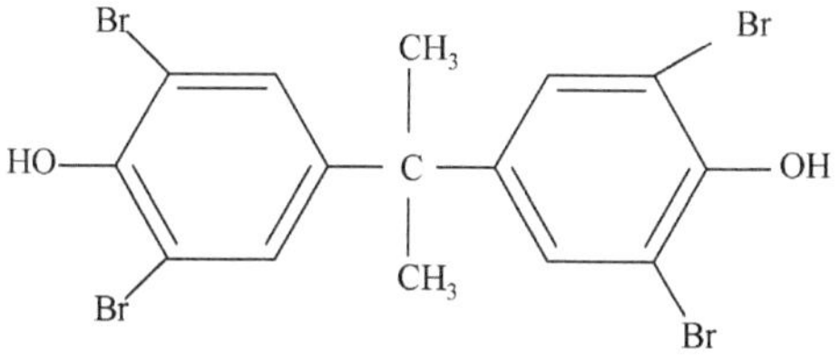

图 1-1 四溴双酚 A 的结构

表 1-1　四溴双酚 A 的主要物理化学性质

性质	参数
分子式	$C_{15}H_{12}Br_4O_2$
分子量	543.871
CAS 号	79-94-7
溴含量	58.8%（质量分数）
熔点	179～182℃
沸点	～316℃
相对密度	2.12
蒸气压/kPa	$<1.9\times10^{-5}$（20℃）；$<6.3\times10^{-6}$（25℃）
溶解度（25℃）	0.148mg/L（pH=5）；1.26mg/L（pH=7）；2.34mg/L（pH=9）
辛醇-水分配系数	4.5×10^{-6}
酸的离解常数	$pK_{a1}=7.5$；$pK_{a2}=8.5$

1.2　四溴双酚 A 在环境介质中的含量

相对其他 BFRs，TBBPA 具有毒性低、与基材相溶性好等特点，广泛用于合成材料的阻燃。据统计，95%的印制电路板（printed-circuit board，PCB）用到了 TBBPA，其含量（以质量计）大约在 1%～2%[7]。随着 TBBPA 的广泛使用，其在生产、加工、使用及废物处置过程中均可被排放到环境介质中[8]。目前，已经在各种水体（如废水、河流、湖泊等）、土壤及底泥、大气中检测出 TBBPA[9-15]。

1.2.1　TBBPA 在水体中的含量

尽管 TBBPA 微溶于水，但越来越多报道显示不同水体中均有 TBBPA 的存在。德国某河流水体中检测出的 TBBPA，其浓度范围为 0.2～20.4 ng/L[16]。日本在垃圾渗滤液中检出的 TBBPA 浓度高达 620 ng/L[17]。日本污水处理厂中 TBBPA 浓度范围为 7.7～130 ng/L[18]。中国学者对安徽的巢湖和江苏的太湖进行水质分析，TBBPA 均被检出且其最高浓度达到 4.87 μg/L[11-12]。某 PCB 生产车间废水中的 TBBPA，其浓度范围为 10～

100 μg/L[7]。本书对深圳市十几家电子行业和先进制造业企业的工业废水调研发现，TBBPA 的检出浓度高达几百微克每升。

1.2.2　TBBPA 在土壤及底泥中的含量

TBBPA 的疏水性质决定了其比较容易沉积于土壤、底泥、污泥中。对重工业和都市化的中国东部地区开展表层土壤分析，发现 TBBPA 浓度高达 78.6 ng/g 干重[14]。韩国蔚山的市政污水处理厂和工业废水处理厂污泥中检测出的 TBBPA 浓度范围为 4.01～618 μg/kg 干重[9]。我国太湖底泥沉积物中的 TBBPA 浓度范围在 0.056～2.15 ng/g 干重[12]；而巢湖底泥中的 TBBPA 浓度更高，最高浓度可达 518 ng/g 干重，且 TBBPA 在水与底泥中的分配系数为 1∶117[11]。

1.2.3　TBBPA 在大气中的含量

由于 TBBPA 广泛应用于电子产品的生产与制备，在这些产品生产车间的空气样品中常常检测出 TBBPA，TBBPA 可存在于颗粒物中而进入工厂周围的大气。对某 PCB 车间内开展 TBBPA 含量检测，结果表明，TBBPA 通过粉尘进入到环境中的浓度高达 187～1220 μg/kg-PCB，车间工作人员每天通过粉尘吸入、皮肤接触及 PM_{10} 吸入 TBBPA 浓度分别达到 1930 pg/kg-bw、431 pg/kg-bw 和 96.5 pg/kg-bw[7]。对希腊塞萨洛尼基的市内交通区和市内工业区的大气进行分析发现，TBBPA 的浓度范围为 0.19～2.58 ng/m^3[10]。对我国深圳大学城室内空气中的颗粒相进行收集，检测发现 TBBPA 的浓度范围为 30～140 ng/g[13]。

1.3　四溴双酚 A 在水生生物及人体中的含量

TBBPA 对环境的污染能力具有很高的持久性，且具有生物积累性，可通过食物链富集于生物体内。

1.3.1 TBBPA 在水生生物中的含量

目前已在多种水生生物组织内检测出 TBBPA。TBBPA 在梭鱼、鳀鱼、旗鱼及沙丁鱼体内的含量分别为 0.01 ng/g、0.03 ng/g、0.04 ng/g、0.11 ng/g[19]。Johnson-Restrepo 等对美国佛罗里达州近海水体的水生生物进行研究，表明 TBBPA 在宽吻海豚、公鲨鱼、夏普诺斯鲨鱼体内的浓度范围分别为 0.056~8.48 ng/g 脂重、0.035~35.60 ng/g 干重、0.495~1.43 ng/g 脂重[20]。Yang 等对巢湖的四种水生生物进行研究，结果表明 TBBPA 平均浓度范围达到 28.5~39.4 ng/g，远远高于日本、欧洲和美国的报道；TBBPA 在鱼肾脏内的浓度最高，可达 126.4 ng/g，其次是在肝脏、肌肉、脂肪中，平均浓度范围分别为 16.0~37.5 ng/g、6.3~46.0 ng/g、12.0~21.9 ng/g[11]。

1.3.2 TBBPA 在人体中的含量

人体对 TBBPA 的暴露主要通过食品摄入、皮肤接触和空气吸入等途径[4]。由于 TBBPA 是高脂溶性的，鱼油、动物的脂肪等很可能成为人体摄入 TBBPA 的来源；另外，某些职业群体如操作电子设备的工人们比一般人更容易通过吸入或摄入灰尘，暴露在 TBBPA 环境中[21-22]。

研究表明，TBBPA 在人体内的半衰期为 2 d，如果连续摄入可能导致 TBBPA 生物积累[23-24]。Thomsen 等通过研究挪威某医院婴幼儿患者的血浆发现，患者体内 TBBPA 的浓度逐年增加，其中 4 岁左右的儿童体内浓度最高（平均值为 0.71ng/g 脂重）[25]。Hagmar 等在不同职业人群的血浆中均测出 TBBPA，研究表明，不同职业人群的血浆中 TBBPA 含量不同，其浓度范围为 0.52~1.8 ng/g[26]。Cariou 等更是在法国普通女性的血清及母乳中检测出 TBBPA，含量分别为 3.0 ng/kg 和 7000 ng/kg 湿重[27]。

1.4 四溴双酚 A 的生物毒性

TBBPA 在多种环境介质和生物样品中被检测出来，因此，专家及学者越来越关注 TBBPA 对人类健康的影响和环境风险的评价。近年来，关于 TBBPA 的生物毒性研究迅速增多，生物毒性主要分为急性毒性和慢性毒性。其中，慢性毒性又包括内分泌干扰性（包括甲状腺激素干扰效应和雌激素干扰效应）、肝脏和肾脏毒性、免疫毒性和神经毒性。

1.4.1　生物毒性评价方法

1. 急性毒性评价

急性毒性评价可以探明污染物与机体短时间接触后所引起的损害作用，为环境污染提供预警。目前，急性毒性的评价主要采用藻类生长抑制试验、溞类运动抑制/致死试验、鱼类急性毒性试验、发光细菌急性毒性试验等方法[28]。其中，发光细菌法具有快速、简便、灵敏和经济的特点，因此在水质检测中广泛应用；同时，该方法已纳入水质国家标准（GB/T 15441—1995），对于快速测定 TBBPA 降解产物的短时毒性效应有较大的优势。

2. 慢性毒性评价

慢性毒性的评价更适于长期低水平接触的污染物，TBBPA 及其部分有机降解产物为持久性有机污染物，具有浓度低、难降解的特点，其在环境中可能存在较大的慢性毒性效应。目前，常见的评价方法主要为溞类生命周期评价试验和鱼类慢性毒性试验[29]。其中，大型溞（*Daphnia magna*）在环境中分布广泛，易于培养和驯化，且繁殖能力较强，对有毒物质的敏感性较高，在国内外被广泛用作试验生物[30]。大型溞 21 d 慢性毒性测试法是经济合作与发展组织规定的慢性毒性测试方法，而国内的相关研究表明，该方法可用 14 d 试验替代 21 d 试验评价和检测污染物的慢性毒性，具有较高的灵敏性，且测试方法更为简便[31]。

1.4.2　TBBPA 的生物毒性效应

1. 急性毒性效应

研究表明，TBBPA 对啮齿动物具有相对较低的急性毒性，摄入的剂量需要达到克/千克体重级才会发挥其毒性，如大鼠经呼吸、喂饲、灌胃、腹腔注射等不同 TBBPA 给药方式的半数致死量（LD_{50}）分别为 > 10 920 mg/m³、> 5 g/kg、> 50 000 mg/kg、3200 mg/kg[32-33]。TBBPA 对藻类、大型溞、鱼类等水生生物也表现出较强的急性毒性[34-37]。邓结平等研究了 TBBPA 对 7 种海洋微藻的急性毒性，结果显示，TBBPA 对牟氏角毛藻、微拟球藻、等鞭金藻的 96 h 半数效应浓度（EC_{50}）分别为 2.59 mg/L、2.64 mg/L 和 4.23 mg/L[34]。刘红玲等通过静态生物急性毒性试验研究了 TBBPA 对大型溞和斑马鱼的急性毒性，研究表明 TBBPA 属于高毒物质，其对大型溞的半数效应浓度为 0.69 mg/L（48 h），对斑马鱼的半数致死浓度（LC_{50}）为 1.78 mg/L（96h）[35]。TBBPA 对斑马鱼胚胎也有很强的毒性，当胚胎直接暴露在 TBBPA 溶液中时，会造成胚胎心包囊肿、尾部延伸不全等畸形，甚至使胚胎死亡，其死亡率随 TBBPA 浓度的升高而增加[36]。

2. 慢性毒性效应

1）内分泌干扰性

TBBPA 的内分泌干扰性主要表现在其有一定的甲状腺激素干扰效应和雌激素干扰效应。研究表明，TBBPA 通过干扰甲状腺激素动态平衡对内分泌产生干扰，从而影响生物正常成长[38]。大鼠长时间暴露于 TBBPA 中可造成垂体和睾丸质量增加，其中，雄性大鼠血清中的 T_4 水平被检测出具有一定的升高趋势，而 T_3 水平降低；雌性大鼠出现性发育延迟现象[39]。TBBPA 的雌激素干扰效应主要表现在其羟基化代谢物具有抑制雌激素磺基化的作用[40-41]。TBBPA 对斑马鱼生长及产卵情况影响显著，斑马鱼在较低剂量（< 1.5 μmol/L）的 TBBPA 中暴露即可表现出卵母细胞增多等早熟症状，但斑马鱼的产卵率和孵化率却明显降低，同时，斑马鱼幼仔的成活率也下降[42]。

2）肝脏和肾脏毒性

TBBPA 对鱼类和啮齿动物均表现出一定的肝脏和肾脏毒性。陈玛丽等将红鲫在不同浓度 TBBPA 溶液中培养，结果表明，TBBPA 对红鲫肝脏具有毒性，培养 12 周后红鲫肝脏细胞核出现固缩现象，细胞内脂肪滴增多[43]。Tada 等在对 ICR 小鼠连续 14 d 喂饲 TBBPA 后发现，TBBPA 可使小鼠肝脏细胞坏死[44]。另外，TBBPA 对新生和 5 周龄的大鼠均有明显的特异性肾毒性[42]。

3）免疫毒性和神经毒性

TBBPA 的免疫毒性较突出，研究表明，当 TBBPA 的浓度仅为 3 mol/L 时，可导致小鼠机体的免疫力下降[45]。TBBPA 还具有一定的神经毒性，白承连等利用斑马鱼胚胎自主运动、接触反应和仔鱼游泳运动来分析 TBBPA 的神经毒性指标，结果表明，TBBPA 对斑马鱼的神经毒性表现为增加胚胎在 19～26 hpf 时的自主运动频率，降低胚胎在 27 hpf、36 hpf、48 hpf 时的接触反应能力和降低胚胎在 120 hpf 时的行为运动速度[46]。Lilienthal 等通过将母代 Wistar 大鼠暴露于 TBBPA 中连续培养，结果表明，TBBPA 通过母体影响子代大鼠的神经系统，导致其听觉减弱、应激反应迟钝[47]。

第 2 章　四溴双酚 A 降解研究现状

随着 TBBPA 在环境介质中被广泛检出且浓度已由几纳克级上升至几百微克级，由于其潜在的持久性、生物积累性及对环境生物甚至人体的多重毒性，针对 TBBPA 的降解研究越来越受到环境领域工作者的重视。近年来，国内外学者对 TBBPA 的研究从关注其在环境介质和生物体内含量、区域分布及迁移转化等方面，逐步转移到 TBBPA 的降解技术研发、降解机理探索、废水生物毒性评价及控制等方面。

2.1　四溴双酚 A 的降解技术研究

针对水中 TBBPA 的降解技术主要包括生物降解技术、物理降解技术、光降解技术、臭氧氧化技术等，但大部分技术尚处于起步阶段。相对而言，臭氧氧化技术已被广泛应用于处理难降解有机污染物，该技术除污效果显著、便于实施、推广应用更方便。

2.1.1　生物降解技术

生物降解技术是 TBBPA 在自然环境中的重要降解技术，利用微生物将 TBBPA 作为碳源或能源，或将 TBBPA 与其他有机质进行共代谢，从而将 TBBPA 降解的一种技术，其主要降解机理包括厌氧脱溴和好氧降解。

生物降解技术具有成本低、作用范围广和持续时间长等特点，但生物降解 TBBPA 的效能受环境因素限制，作用缓慢，其生物半衰期与沉积物中 TBBPA 的浓度、微生物群体、有氧或无氧环境等密切相关。Chang 等的研究显示在河流沉积物中 TBBPA 的半衰期为 13.1 d[48]。Liu 等利用 [14]C 标记法研究发现 TBBPA 在厌氧环境中的半衰期为 36 d[49]。Macêdo 等采用厌氧-好氧方式降解 TBBPA，研究表明，TBBPA 在厌氧沉积物中完全还原脱溴需 45 d 的培养周期；其最终产物 BPA 在厌氧条件下无法进一步被降解，在好氧条件下才可被氧化[50]。分离、提纯、驯化优势菌种可大大提高生物降解效率。范真真等采用选择富集法从活性污泥中分离出假单胞菌菌株，该菌株可通过好氧共代谢方式实现 TBBPA 的降解，6 d 后 TBBPA 的降解率高达 95.6%[51]。Peng 等从厌氧活性污泥中分离培养出丛毛单胞菌属，当 pH 为 7.0、温度为 30℃时，经过 10 d 培养，86% 的 TBBPA（0.5 mg/L）可被降解，产物除了 BPA，还有酸类和酮类等[52]。

由于生物降解技术所用的微生物主要是从自然界筛选得到或人工改造而成，优势菌种的筛选是关键；然而优势菌种的筛选困难、复杂且工作量大，同时 TBBPA 对一般微生物具有一定的毒性，从而限制了生物降解技术的应用。

2.1.2　物理降解技术

物理降解技术主要是利用吸附材料为载体将 TBBPA 从水中脱除的技术。由于 TBBPA 为疏水性物质，其辛醇-水分配系数（P_{ow}）的对数预估值为 5.2，TBBPA 的亲酯性决定了其易于被物理吸附。目前，常用于去除 TBBPA 的吸附材料包括土壤、污泥、石墨、有机蒙脱石及其纳米铁负载材料等。

Tong 等研究发现壤质黏土和粉砂壤土可快速吸附水中的 TBBPA，土壤有机质（SOM）发挥了 90% 的吸附作用，其吸附等温线呈非线性[53]。Hwang 等研究发现不同种类的污泥对 TBBPA 均有一定的吸附效果，污泥特性、氧化物含量及金属离子等因素影响污泥的吸附效果[54]。Zhang 等利用制备的石墨氧化物吸附去除溶液中的 TBBPA，研究表明，TBBPA 在反应 10 h 后达到吸附平衡，最大吸附量达到 115.77 mg/g[55]。杨珊珊将铁基蒙脱石复合材料用于过硫酸盐高级氧化体系催化降解水中 TBBPA，研究表明，TBBPA 能在 5 min 内快速去除，假一级反应速率常数 k_{obs} 高达 1.7894 min^{-1}[56]。

物理降解技术的优势在于可利用 TBBPA 的疏水性高效地将其从水中

脱除并富集在吸附剂中，但使用吸附剂吸附时，存在经济高效吸附剂制备困难、难以有效脱附和浓水处理等问题；而使用污泥吸附又需进一步对富集 TBBPA 的污泥进行妥善处置[57]。

2.1.3　光降解技术

光降解技术是指有机物在光的作用下，逐步氧化成低分子中间产物，最终生成 CO_2、H_2O 及其他离子，也是降解 TBBPA 常用的方法之一，主要包括紫外光解、可见光解及光催化氧化。

Eriksson 等利用紫外光降解 TBBPA，研究发现在 pH 为 8.0 的溶液中降解速率是 pH 为 6.0 的 7 倍[58]。张洁等研究表明紫外光解可有效改善 TBBPA 工业废水的可生化性[59]。传统光催化剂为 TiO_2，近年来，通过对 TiO_2 进行改性或制备其他新型材料代替 TiO_2 已经成为光催化降解处理污染物的研究热点。Huang 等采用两步法制备了 $BiOBr/Ti_3C_2T_x/AgBr$ 三元材料，具有优异的光捕获能力和载流子分离效率，TBBPA 的降解率在 60 min 内为 97.16%，降解率比 BiOBr/AgBr 高 1.8 倍[60]。Zhang 等研究了 TBBPA 在 $D-TiO_2$ 和 Ag/TiO_2 上的吸附和光催化特性，TBBPA 在 Ag/TiO_2 上的吸附显著增强，是纯 TiO_2 的 5 倍；在 UV-Vis 光（$\lambda > 360$ nm）下，质量分数为 2% 的 Ag/TiO_2 在 10 min 内几乎完全降解 TBBPA，假一级反应速率常数（k_{obs}）达到 0.63 min^{-1}[61]。

光降解技术反应快、除污效率高，具有很好的应用前景，但目前主要处于实验室研究阶段。这主要受光催化剂制备及改性复杂、催化剂使用寿命较短、实际废水中的光利用率较低等因素制约；同时，在反应过程中产生的羟自由基（·OH）为非选择氧化剂，可能生成毒性更强或更难降解的中间产物或副产物，使得光降解技术在成本、技术等方面均存在一定的应用难度[62]。尽管一些学者将光降解技术与其他技术进行联用，如光-芬顿氧化技术等[63]，但这些改进工艺对 TBBPA 的处理效果依然受溶液 pH、催化剂和 H_2O_2 投量等因素影响较大，且催化剂的制备复杂、使用寿命有待进一步研究。

2.1.4　臭氧氧化技术

臭氧作为消毒剂和氧化剂，能高效除臭、脱色、杀菌和去除有机污染物，对于不同浓度水平的污染物均表现出良好的处理效能，已广泛应用于饮用水、市政污水、工业废水等各类水的处理中[64]。由于臭氧在水中不稳定，分解产生具有更强氧化作用的·OH，臭氧氧化技术对污染物的降解途径分为臭氧分子直接氧化途径和·OH 间接氧化途径，两者的协同效应使得臭氧氧化技术更有效地实现对污染物的降解[65]。

近年来，臭氧氧化技术越来越广泛地应用于脱除水中难降解有机污染物，如个人护理品、内分泌干扰物（EDCs）、抗生素等[66-68]。臭氧氧化技术对 TBBPA 也表现出良好的处理效果，Zhang 等采用臭氧氧化技术处理工业废水中高浓度 TBBPA（50 mg/L），结果表明，当 pH 为 9.0、臭氧投量为 52.3 mg/h 时，反应 25 min 后 TBBPA 降解率高达 99.3%[69]。与其他 TBBPA 降解技术相比，臭氧氧化技术已被广泛应用于处理难降解有机污染物，该工艺除污效果显著、工程便于实施、推广应用更方便。因此，本书选择以臭氧氧化技术为基础对水中 TBBPA 进行降解研究。

目前，针对臭氧氧化技术处理水中 TBBPA 的研究仅采用单一的臭氧氧化处理手段，主要集中在对影响因素的研究方面，且多以目标污染物去除率或者某些总体指标（如 TOC、COD 等）的削减率作为处理效果评价指标。针对目标污染物的降解机理分析还相对较少；同时，在使用臭氧氧化技术处理有机污染物时，可能产生比目标污染物生物毒性更高的中间产物，反应过程中的生物毒性变化情况也缺乏研究。

单独的臭氧氧化技术虽然能快速、有效地脱除水中的 TBBPA，但由于 TBBPA 是一种多溴代有机物（溴含量达 58.8%），在臭氧氧化处理过程中可能产生急性毒性、慢性毒性更高的含溴有机中间产物，如三溴双酚 A（tri-BBPA）、二溴双酚 A（di-BBPA）、一溴双酚 A（mono-BBPA）、一溴苯酚、二溴苯酚等[70]。另外，脱溴过程产生的游离溴离子（Br−）还可能被进一步氧化生成具有遗传毒性和致癌特性的无机溴酸盐[71]。张丹丹等利用臭氧降解 50 mg/L 的 TBBPA，反应 100 min 后，BrO_3^- 的生成浓度高达 2.61 mg/L，且 Br^- 及 BrO_3^- 的生成浓度随着 TBBPA 初始浓度的增加而增加，生成速率随臭氧投量增加而提高[72]。若后续有生物处理单元，这些高毒性中间产物可能对微生物造成严重影响；一旦进入环境中，也将对动物甚至人类健康构成严重威胁。因此，如仅以 TBBPA 的降解率衡量臭氧氧化处理的效能，而忽视其中间产物的产生情况和生物毒性变化情况，将无法保证应用臭氧氧化技术的安全性。

综上所述，单独的臭氧氧化技术降解 TBBPA 缺乏系统研究，特别是中间产物、降解机理、生物毒性等方面；另外，单独的臭氧氧化技术不能同时解决高效降解 TBBPA 并控制有毒有机或无机中间产物生成的问题，需要引入新的 TBBPA 降解技术或开展臭氧联用工艺。

2.2　四溴双酚 A 的降解机理研究

传统有机污染物降解机理主要通过定性、定量检测分析降解过程中的中间产物，从而推测污染物的主要降解途径。目前，TBBPA 的降解研究主要集中在效果和影响因素上，TBBPA 降解途径的研究主要集中在生物降解技术和光降解技术，对于降解机理的系统研究特别是理论验证还不是很充分，而利用量子化学计算验证污染物降解途径可系统地、深入地揭示污染物降解机理。另外，本身具有多重毒性的 TBBPA 在降解过程中可能生成生物毒性更高的中间产物，因此，对 TBBPA 降解过程中的生物毒性控制也显得尤为重要。

2.2.1　四溴双酚 A 降解过程中的中间产物分析

经仪器检测分析，TBBPA 在降解过程中的中间产物主要包括还原脱溴中间产物（如 tri-BBPA、di-BBPA、mono-BBPA 和 BPA）和经羟基化、加成、取代等反应生成的低溴有机中间产物，在众多的产物中，二溴苯酚类物质被证明是最主要的中间产物[63,73]。Feng 等利用杂色栓菌的漆酶催化降解 TBBPA，经 LC-MS 和 GC-MS 联合分析，发现主要中间产物为 2,6-二溴 -4-

异丙酚类衍生物，包括 2,6-二溴苯酚、2,6-二溴-4-异丙醇苯酚、2,6-二溴-异丙烯基苯酚等[74]。Uhnáková 等在研究担子菌类真菌降解 TBBPA 的过程中关于中间产物也有类似结论[75]。Eriksson 等研究发现，在光降解 TBBPA 过程中的主要产物为三个异丙酚类衍生物，分别是 4-异丙基-2,6-二溴苯酚、4-异丙烯基-2,6-二溴苯酚、4-(2-羟基异丙基)-2,6-二溴苯酚[58]。Pang 等在研究高锰酸盐氧化水中 TBBPA 时检测出两个主要中间产物，分别是 4-(2-羟基异丙基)-2,6-二溴苯酚、4-异丙烯基-2,6-二溴苯酚[76]。TBBPA 在高温热解下可生成上百种半挥发性含溴有机中间产物，在这些中间产物中，二溴苯酚类物质含量最高[77]。

2.2.2　四溴双酚 A 的主要降解途径

目前针对降解途径的研究大多是通过试验方法简单推测出来，理论分析与计算对其的验证还很缺乏，而要更深入地揭示环境科学领域一些重要的反应机理离不开理论与试验的相结合。TBBPA 在降解过程中，主要历经的反应途径包括脱溴、氧化分解、羟基化、加成、取代等。

脱溴作用是降解 TBBPA 的主要作用机理之一[60-61,72,78]。Liu 等利用生物降解技术降解 TBBPA，研究表明，厌氧脱溴是重要途径，在厌氧条件下TBBPA 的逐级氧化脱溴产物有 4 种：三溴双酚 A、二溴双酚 A、一溴双酚A 和双酚 A[49]。Luo 等利用 Fe-Ag 双金属催化超声波降解 TBBPA，当 TBBPA被吸附在 Fe-Ag 表面时其 C—Br 键可被打断，TBBPA 被还原为 tri-BBPA、di-BBPA、mono-BBPA、BPA 和无机 Br^-[79]。Guo 等的研究证明，在氮气饱和条件下，光催化降解 TBBPA 以还原脱溴为主，TBBPA 可逐级氧化脱溴生成 tri-BBPA、di-BBPA、mono-BBPA、BPA，也可生成含溴单苯环酚类物质，如 2,6-二溴苯酚、2,6-二溴-4-(1-甲基乙基)苯酚等[78]。

另外，氧化分解、羟基化、加成、取代等反应也是降解 TBBPA 需历经的反应途径。Liu 等的研究表明，好氧分解也是生物降解技术降解 TBBPA的重要途径，在好氧环境下，最终脱溴产物 BPA 可有效被降解，42%的TBBPA 及低溴中间产物被释放但无法进一步被好氧分解，说明生物降解过程中，还原脱溴是进一步好氧降解的关键环节[49]。Xu 等的研究表明，在光催化降解 TBBPA 中不仅发生脱溴反应，还发生了羟基化反应。在脱溴作用下，TBBPA 生成含 6 个羟基的联苯类物质，双苯环被打断生成单苯环酚类物质；在羟基化作用下，TBBPA 生成单苯环低溴酚类物质，其中以 2,6-二溴苯酚为主[60]。Guo 等研究发现 TBBPA 在可见光催化降解过程中经历了还原脱溴、脱羟基、·OH 加成、C—C 键断裂和脱羧基作用，最后生成 Br⁻、CO_2 和 H_2O 无机产物。在此过程中共检出 8 种有机中间产物，包括 tri-BBPA、BPA、2,2-邻(3,5-五溴苯基)丙烷、2-(3,5-二溴苯基)丙烷-2-苯酚、2-二溴-4-乙基苯酚等[61]。Guo 等进一步研究表明，光催化降解 TBBPA 在空气饱和条件下，以羟基化为主，可进一步检测出苯甲酸、乙二酸等小分子类物质[78]。

2.2.3　量子化学计算对降解机理的辅助研究

量子化学是理论化学的一个分支学科，它是应用量子力学的基本原理和方法研究化学问题的基础科学。量子化学计算在环境科学中的应用是一门交叉学科，随着环境科学及其他自然科学的研究趋向微观化，量子化学计算作为研究分子和分子间相互作用的有效手段，在环境化学中起着越来越重要的作用。近年来，量子化学计算越来越受到关注，它能从热力学能量角度揭示反应，因此，越来越多地应用于分析目标污染物的降解机理[80-81]。

量子化学计算方法主要包括密度泛函理论（density functional theory，DFT）、从头计算法、半经验分子轨道法等，其中，密度泛函理论是目前应用最为广泛的量子化学计算方法之一，因具有计算速度快、结果精确等特点，其已成为当前研究的主流方向。该理论是 1964 年 Kohn 和 Hohenberg 提出的，其以 Hohenberg-Kohn 定理为基础，指出体系的基态能量、波函数及各种性质都由体系基态电子密度分布决定，它们是体系基态电子密度的泛函；随后，Kohn 和 Sham 构建了 Kohn-Sham 方程，给出了泛函的具体形式，使密度泛函理论对分子体系的基态能量和性质计算成为可能[82]。分子体系的基态能量 E^{KS} 可以通过 Kohn-Sham 方程表示，如式（2-1）所示

$$E^{KS}=V+<hP>+1/2<PJ(P)>+EX[P]+EC[P] \qquad (2\text{-}1)$$

式中，E^{KS}——分子体系的基态能量，kcal/mol；

　　　　V——核的排斥能，kcal/mol；

　　　　$<hP>$——单电子的能量（包含动能和势能部分），kcal/mol；

$1/2<PJ（P）>$——经典静电库仑排斥能，kcal/mol；

　　　　$EX[P]$——交换泛函，kcal/mol；

　　　　$EC[P]$——相关泛函，kcal/mol。

　　DFT 使用和推广中最为关键和核心的步骤之一就是交换泛函 $EX[P]$和相关泛函 $EC[P]$的构建和拟合。由交换泛函和相关泛函构建组成的交换关联泛函通常分为：局域密度近似（local density approximation，LDA）、广义梯度近似（generalized gradient approximation，GGA）、杂化泛函和双杂化泛函（Becke，three-parameter，Lee-Yang-Parr，B3LYP）等。其中，B3LYP自 1994 年被提出后，几乎成为了计算各种问题的默认方法并一直沿用至今[83]。B3LYP 的具体形式如式（2-2）所示

$$B3LYP=A \cdot EX^{Slater}+(1-A) \cdot EX^{HF}+B \cdot EX^{Becke}+EC^{VWN}+C \cdot EC^{non\text{-}local} \qquad (2\text{-}2)$$

式中，A、B、C——三个参数，它们由拟合分子的原子化能的实验值得到。

　　另外，对某种元素开展量子化学研究时，需要选择合适的基组进行计算。基组是指对这种元素适用的基函数集合，即体系轨道的数学描述，对应着体系的波函数，它是密度泛函计算的基础。目前最常用的基组为高斯型，如果一个基函数只由一个高斯型函数（GTF）组成，称为非收缩高斯函数；如果基函数由多个位于相同中心的 GTF 组合形成，称为收缩型高斯函数，量子化学计算中使用的基组通常都由收缩和非收缩高斯函数共同组成。基组的选择对 DFT 的计算结果具有重要意义。事实上，基组可以选择为任何完备的基函数集合，而选择的关键在于计算的效率，即在选择尽可能小的基组的情形下，获得尽可能好的计算结果。由于密度泛函理论对高角动量极化函数要求较低，而低角动量基函数对计算结果的改进明显，因此在本书中对主族元素的计算使用 Ahlrichs 基组的中 TZVP 基组；赝势基组只考虑价层电子基函数，对内层电子采用赝势近似，通常从降低计算量的角度考虑，一般从第四、第五周期元素开始就要考虑使用赝势基组。

目前针对反应机理的量子化学研究也仅仅是停留在理论计算层面，并未将其与实验结果进行结合，特别是和目标污染物降解中间产物的质谱定性结果相结合的研究鲜少报道。陈静波利用 DFT 在 B3LYP/6-311++G（d，p）水平上研究了氨三乙酸两种脱水的反应机理及甲醇羰基化氨解制甲酸的反应机理[84]。Priya 和 Senthilkumar 利用 DFT 中 B3LYP 对羟自由基（·OH）和臭氧分子降解水杨酸甲酯（methyl salicylate，MeSA）的反应机理进行理论计算，结果表明，·OH 降解 MeSA 主要通过氢抽提和亲电加成两种反应途径，臭氧分子降解 MeSA 则主要是通过环化加成途径[85]。Huang 等利用 DFT 在 B3LYP/6-311g* + LANL2DZ 水平上对光催化降解 TBBPA 的反应机理进行量子化学计算研究，结果表明，在 UV/Fenton 的光催化条件下，TBBPA 的降解包括逐级氧化脱溴、氢抽提和加成氧化途径[86]。因此，针对目前 TBBPA 降解机理的研究不足，本书拟考虑将量子化学计算方法与仪器实验方法相结合，对 TBBPA 降解过程中的热力学参数进行计算，从量子力学角度对反应途径进行剖析，深入诠释 TBBPA 的降解机理。

2.3　降解过程中生物毒性的控制研究

2.3.1　降解过程中生物毒性的产生

针对 TBBPA 的降解主要以目标污染物的脱除为目的，TBBPA 的毒性研究也主要集中于该物质本身的毒理学中，而其降解过程中的毒性变化和控制情况鲜有报道[87]。相关研究表明，TBBPA 本身具有一定的急性毒性和慢性毒性，在 TBBPA 的降解过程中会生成众多的有机和无机中间产物，其中部分中间产物被证明具有比 TBBPA 更强的毒性[60-61,88]。

毒理学数据显示，TBBPA 的半数致死量 LD_{50} 为 3160 mg/kg（大鼠，口径），而其光催化降解有机中间产物三溴双酚 A、二溴苯酚及苯酚的 LD_{50} 均低于 TBBPA，分别为 2000 mg/kg、282 mg/kg 和 270 mg/kg，表现出更强的生物毒性[89]。研究表明，卤化苯醌是一种新型饮用水消毒副产物（DBPs），可能具有膀胱致癌风险；而含溴苯酚和含溴苯醌可对鼠类产生急性和半急性的肾毒性[90-91]。还原脱溴过程生成的低溴有机中间产物中，tri-BBPA 和 di-BBPA 对藻类、微生物、发光细菌、甲壳纲动物及刺胞动物等的毒性均高于 TBBPA 本身；而 BPA 是典型的 EDCs，具有较强的雌激素干扰效应[88]。主要降解产物 2, 6-二溴-4-(2-羟基丙烷-2)苯酚和 2,6-二溴-4-(2-甲丙醚-2)苯酚也被证明具有雌激素干扰效应和细胞毒性[75]。另外，由于 TBBPA 分子结构的特殊性（溴含量高达 58.8%），其在氧化降解过程中可能产生无机中间产物溴酸盐，溴酸盐的致癌性和遗传毒性备受关注，已被国际癌症研究机构定为 2B 类潜在致癌物，加强控制 TBBPA 降解过程中溴酸盐的产生对减少反应后生物毒性具有重要意义。

综上所述，有毒有机和无机中间产物的生成可能导致 TBBPA 降解过程中的生物毒性升高，因此，在选择 TBBPA 降解技术时仅仅以目标污染物的脱除为表征手段并不充分，还需以生物毒性为表征方法，以达到对有毒中间产物的控制。鉴于 TBBPA 降解产生的有毒中间产物的种类及数量随处理技术、水质条件及工况参数而发生变化，具有不确定性和复杂性，因此，不适合单独研究某个中间产物的毒性情况，而应表征降解水体的总体毒性变化情况，如采用水质综合生物毒性评价方法，其中应用较广泛的有急性毒性评价和慢性毒性评价[92]。

2.3.2　降解过程中生物毒性的控制

由于生物毒性与中间产物的种类及生成量密切相关，因此，在识别关键致毒因子的基础上，可通过减少较高毒性降解产物的积累以实现对生物毒性的控制。在水处理过程中，降解产物的生成情况受水质波动、工艺条件等影响较大，因此，可通过调整水质及工艺条件，使工艺处于最佳水处理工况，从而提高污染物矿化水平，有效控制生物毒性。如 Larcher 等利用臭氧氧化 17α-炔雌醇（EE2）过程中通过优化工艺条件使臭氧与降解产物发生加成反应，从而有效降低其雌激素活性[34]。单独臭氧氧化技术研究表明，通过调节水质及臭氧氧化技术条件可控制副产物溴酸盐的生成量，如降低 pH、增加水体碱度、向水中投加氨氮或天然有机物（NOM）、降低水温、臭氧改为多点投加方式、减少臭氧投量及接触时间等[93]。然而，这些手段并不能保证目标污染物 TBBPA 的高效协同去除，增加了臭氧氧化的处理负荷，且对毒性的控制效果也不明显。

　　另外，由于不同处理工艺对污染物的作用基点不同，其降解机理及效能也不同，将不同工艺联用可提高污染物降解效率，从而控制生物毒性[35]。一些臭氧联用工艺已被证明在保证高效降解有机污染物的同时，能够控制臭氧氧化副产物的生成，如 (UV/VUV)/O$_3$[94]、H$_2$O$_2$/O$_3$[95]、KMnO$_4$/O$_3$[96] 联用工艺等，但这些联用工艺存在各自的缺陷。(UV/VUV)/臭氧联用工艺对灯的要求较高，只有波长＜200 nm 的低压 UV 灯才能对溴酸盐起到很好的抑制作用；200～300 nm 的中压 UV 灯对溴酸盐的控制效果较差；＞300～650 nm 的 UV 灯几乎没有抑制作用。然而，低压 UV 灯的制作成本较高且使用寿命不长，且真空 VUV 灯（185 nm + 254 nm）可促进溴酸盐的自由基生成，因此，该工艺的工程应用前景不大[94,97]。另外两种联用工艺控制溴酸盐的条件较苛刻，需严格控制反应条件，如 H$_2$O$_2$/O$_3$ 联用工艺，要求 H$_2$O$_2$/O$_3$ 大于 0.5 且水中溶解臭氧浓度小于 0.1 mg/L，否则溴酸盐浓度会升高[95]；KMnO$_4$/O$_3$ 联用工艺，研究表明其对溴酸盐的最佳控制率仅有 26%，需控制高锰酸钾的投加浓度小于 2.0 mg/L，否则溴酸盐控制效果下降，且出水中重金属锰超标（0.1 mg/L）[96]。因此，需研发新的臭氧联用工艺，不仅能协同去除水中 TBBPA，对臭氧氧化副产物溴酸盐也有良好的控制作用，从而有效控制反应过程中的生物毒性。

第3章 臭氧氧化技术降解四溴双酚A的效能与机理

臭氧氧化技术是一种已被广泛应用于处理难降解有机污染物的高级氧化技术，该技术除污效果显著、工程便于实施、推广应用更方便。通过前期文献调研发现，目前将臭氧氧化技术应用于降解水中 TBBPA 的研究仍较少，且主要集中在对影响因素的考察方面，缺乏对中间产物、矿化度、降解机理、生物毒性等的研究。

本章选择 TBBPA 浓度为 1.0 mg/L（1.84 μmol/L），系统研究应用较广的臭氧氧化技术对 TBBPA 的降解效能。首先考察各影响因素对臭氧降解效能的影响（包括臭氧浓度、溶液初始 pH、温度、TBBPA 初始浓度和水中共存物质），总结臭氧氧化技术对 TBBPA 的降解规律；其次在此基础上分析反应过程中生成的无机中间产物（即分析脱溴水平和溴酸盐生成水平）；再次利用 GC-MS/MS 分析有机中间产物，考察 TBBPA 矿化度，结合量子化学计算，进一步揭示臭氧降解 TBBPA 的反应机理；最后考察臭氧氧化技术降解 TBBPA 过程中的生物毒性变化情况及毒性控制效果，包括急性毒性、慢性毒性和有毒中间产物，分析总结臭氧氧化技术降解 TBBPA 的优势及不足。

3.1 试验材料及方法

3.1.1 试验溶液制备

1. 四溴双酚 A 溶液

称取 1.0 mg 四溴双酚 A 固体粉末，将其投入 1L 碱性去离子水中并用磁力搅拌器搅拌 24 h，配制成 1.0 mg/L 四溴双酚 A 溶液，为增加四溴双酚 A 的溶解性，可投加微量甲醇溶剂助溶。

2. 2,6-二溴苯酚溶液

称取 0.1 mg2,6-二溴苯酚固体粉末,将其投入 1 L 去离子水中连续搅拌至其全溶,即可配制成 0.1 mg/L 2,6-二溴苯酚溶液。

3. 臭氧水制备

本章中臭氧均制成臭氧水后再投加。将氧气源通入臭氧发生器产生臭氧,臭氧通过砂芯漏斗进入装有去离子水的曝气柱制备臭氧水;通过蠕动泵循环以保证气水混合均匀,曝气柱尾部设装有碘化钾溶液的尾气吸收瓶。整个曝气期间采用靛蓝法检测水中溶解的臭氧浓度,当臭氧水浓度稳定后,可使用该臭氧水进行后续试验。

4. 发光细菌的培养

本章急性毒性研究所用发光细菌为费氏弧菌冻干粉,属于海洋发光细菌类,从美国 SDIX 公司购得,每瓶 0.5 g,在 4℃冰箱内有效保存期为 6 个月。

5. 大型溞的培养

本章慢性毒性研究所用生物为大型溞,经引种并在实验室长期培养、驯化;试验溞选用培养三代以上、出生 24 h 左右的同龄幼溞,经敏感度测定符合 ISO 标准[98]。大型溞的培养方法:采用国际标准化组织规定的标准稀释水,pH 为 7.8±0.2,硬度（以 $CaCO_3$ 计）为（250±25）mg/L[99];培养温度为（22±2）℃,光照强度为 3000~4000 lx,光暗比为 16∶8;培养液每周换三次,每天饲以实验室培养的小球藻,定期分离幼溞。将出生 24 h 以内的同龄大型溞取出放于同一个烧杯内,挑选健康没有受伤的幼溞进行试验。

3.1.2　试验方法

四溴双酚 A 的降解试验均在 500 mL 锥形瓶中进行。反应开始前,将 500 mL 提前配制好的 1 mg/L 四溴双酚 A 溶液加入锥形瓶中,用盐酸或氢氧化钠调节反应溶液至所需的 pH；反应开始时，根据氧化剂投加浓度，量取一定体积的高铁酸钾溶液（或臭氧水）投加至锥形瓶中，并用磁力搅拌器进行连续搅拌（转速为 600 r/min）；反应 30 min，在一定的时间间隔点取样 20 mL，并立即用 50 μL 0.18 mol/L 的盐酸羟胺溶液终止反应；水样经过 12 000 r/min 离心 5 min，静置后取上清液，待测。所有反应均重复进行至少两次，水样平行检测，取平均值。

3.1.3　检测方法

1. 常规指标分析

溶液 pH 的检测：采用 PHS-3B 型精密酸度计测定 pH。

矿化度的检测：采用 TOC-L CPN 总有机碳分析仪测定 TBBPA 的矿化度。

2. 臭氧浓度的检测

参照《生活饮用水标准检验方法　消毒剂指标》（GB/T 5750.11—2006），采用靛蓝法测定水中臭氧浓度，其原理是：在酸性条件下，臭氧可迅速氧化靛蓝，使之褪色，其在 600 nm 波长的吸光度的下降与臭氧浓度的增加呈线性关系。

3. 溴离子和溴酸盐的检测

采用离子色谱仪（Dionex ICS-5000，美国戴安）检测溴离子和溴酸盐浓度，检测前水样需经 0.22 μm 微孔滤膜过滤。仪器条件如下：保护柱采用 Dionex IonPac AS19 柱（4 mm×50 mm），分析柱采用 Dionex IonPac AS19 柱（4 mm×250 mm）；进样体积为 100 μL，淋洗液为 100 mmol/L KOH 溶液，淋洗流速为 0.25 mL/min。淋洗程序：进样开始时，初始 KOH 比例为 5%，保持 10 min；在 25 min 时逐渐升至 25%，保持 10 min；以 4%/min 的速度降至 5%，结束进样。溴离子和溴酸盐的保留时间分别为 21.5 min 和 15.4 min。

4. TBBPA 的检测

TBBPA 的浓度检测采用 Waters H-Class 的超高效液相色谱法

（ultra-high performance liquid chromatography，UPLC）。样品检测前需经 12 000 r/min 离心 5 min 后取 1 mL 上清液；检测时采用 Waters BEHC18（1.7 mm×100 mm）色谱柱，柱温 40℃。流动相为乙腈/水（体积比）70/30，采用等度洗脱，流速为 0.5 mL/min，进样体积为 1 μL。检测器采用 ACQUITY UPLC TUV 检测器，检测波长为 210 nm。

5. BPA 的检测

BPA 的浓度检测采用 Waters H-Class 的 UPLC。采用 Waters BEHC18（1.7 mm×100 mm）色谱柱，柱温 35℃；流动相为甲醇/水（体积比）为 70/30，采用等度洗脱，流速为 0.2 mL/min，进样体积为 5 μL；样品在 ACQUITY UPLC TUV 检测器的检测波长为 280 nm。

6. 中间产物 GC-MS 分析

中间产物分析采用气相色谱-质谱联用仪（GC-MC）（Agilent 7890A/GC-5975C/MS）。水样预处理步骤：将 50 mL 水样加入分液漏斗，加入 5 mL 萃取剂二氯甲烷和 1 g 氯化钠进行振荡萃取，静置分层后取下层萃取液，萃取液经无水硫酸钠脱水及玻璃纤维滤膜过滤后转移至 10 mL 氮吹管中。同一水样经上述重复萃取两次后，所得萃取液经氮吹浓缩处理，吹至近干后加入 1 mL 二氯甲烷，待测。气相色谱条件：色谱柱为 HP-5 型石英毛细管柱（30 m×250 μm×0.25 μm），载气为氦气，流速为 1 mL/min；进样口温度为 260℃，进样体积为 1 μL，分流比为 10∶1。升温程序：柱温为 40℃，保持 3 min；以 15℃/min 升温速率升至 300℃，保持 10 min；升温至 325℃，保持 3 min；升温程序总运行时间为 25.67 min。质谱条件：质量扫描区间为 50～560 m/z，离子源为 230℃，电子轰击源 EI 为 70 eV，四极杆温度为 150℃。

3.1.4 生物毒性分析

1. 急性毒性

采用 Deltatox Ⅱ 便携式水质毒性分析仪和发光细菌法作为 TBBPA 降

解过程中急性毒性检测仪器和方法，毒性测试结果以发光细菌的相对发光抑制率（$T\%$）表征。具体步骤：首先将 310 μL Micro Tox 稀释液加入发光细菌试管中，在室温下培养 15 min 后平均分配至 3 个试管中，记录其初始发光度（E_0），以生理液作为空白对照；然后取 100 μL Micro Tox 渗透调节液（OAS）加入到 1000 μL 待测水样中，振荡至混合均匀以调节水样盐度，将盐度调至 3%；最后将上述水样 900 μL 依次加入对应顺序的发光细菌试管中，接触 5 min 后记录其水样发光度（E）。测试前将水样 pH 调整为中性，试验温度控制在（20±0.5）℃，质量控制参比毒物 $HgCl_2$ 对发光细菌 15 min EC_{50} 为 0.08～0.12 mg/L。水样的急性毒性用相对发光抑制率（$T\%$）来表示，其计算公式如式（3-1）所示

$$T\% = \frac{E_0 - E}{E_0} \cdot 100\% \qquad (3\text{-}1)$$

式中，E_0——初始发光度；

E——水样发光度；

$T\%$——相对发光抑制率。

相对发光抑制率越高，则水样急性毒性越大。根据相对发光抑制率可得出水样对发光细菌的半数效应浓度 EC_{50}，进而可计算出水样的急性毒性当量值 TU。

当原水对于发光细菌的毒性较低，不能产生半数效应，TU 按 50% 的部分计算。比如，若原水对于发光细菌的相对发光抑制率为 20% 时，20%/50% = 0.4，其毒性为 0.4 TU[100]。

2. 慢性毒性

采用大型溞 14 d 测试法作为 TBBPA 降解过程中慢性毒性的检测方法，毒性测试结果以最大无影响浓度（NOEC）来表示毒性效应。具体步骤：首先通过预试验，参照国标中大型溞急性毒性测试方法（GB/T13266—1991），将待测水样按不同的浓度梯度进行稀释，试验用 400 mL 结晶皿，装 250～300 mL 试验液，置溞 10 个。每个浓度设置 2～3 个平行。一组试验液设一个空白对照，内装相等体积的稀释水，试验开始 24 h 后进行观察，

记录每个容器中大型溞的死亡率,以大型溞的心脏停止跳动作为测试终点。根据试验结果,得出水样对于大型溞 24 h 半数致死浓度 LC_{50}。然后在 $0.01\sim$ 0.5 倍 LC_{50} 水样浓度范围内设置 $4\sim5$ 个浓度梯度,每个浓度设置 10 个平行,以曝气脱氯的自来水为空白对照。在 25 mL 水样或自来水中,放入 1 只大型溞,于光暗比为 16∶8、温度为 25℃ 的培养箱内连续培养 14 d,每 2 d 换水喂食一次,每天记录大型溞的生存情况,试验结束时,以空白对照中大型溞死亡率不超过 10% 视为试验有效。在 14 d 的培养过程中,与对照组相比,获得试验组中水样对于大型溞的 14 d 最大无影响浓度 NOEC,再根据毒性当量的计算公式,得出水样对于大型溞的慢性毒性当量值 TU。

3. 毒性当量

因急性毒性和慢性毒性分别以发光细菌相对发光抑制率和最大无影响浓度表征,为了综合分析水处理过程中的毒性大小情况,本书引入毒性当量值,该值由美国环境保护署(USEPA)提出,以 TU 来表示[101]。毒性当量值的具体计算方法如式(3-2)和式(3-3)所示[102]。

急性毒性:

$$TU = 100\% / LC_{50} \text{ 或 } TU = T / 50 \text{（当 } T\% < 50\% \text{时）} \tag{3-2}$$

慢性毒性:

$$TU = 100\% / NOEC \tag{3-3}$$

式中,TU——毒性当量值;

　　　LC_{50}——半数致死浓度,mg/L;

　　　NOEC——最大无影响浓度,mg/L。

对于试验过程中可能存在的毒性干扰物质,如反应过程中所采用的终止剂无水亚硫酸钠,通过毒性测试,表明在考察浓度范围内均不具有急性和慢性毒性效应,即对试验结果无干扰。

3.1.5　量子化学计算

为了进一步揭示 TBBPA 降解机理,本节对 TBBPA 分子在臭氧或高铁酸盐条件下的氧化降解过程中的热力学参数进行了计算，并与 GC-MS/MS 检测出的中间产物进行结合，分析反应途径。

　　所有的量子化学计算均使用 ORCA3.0.3 程序包完成，对每个反应物、中间产物及最终产物均使用 DFT 的 B3LYP 对分子（离子）结构进行优化。其中，对主族元素使用 Ahlrichs 基组中的 TZVP 基组进行计算；对 Fe 原子使用 LANLTZ 基组进行计算。密度拟合近似（density-fitting approximation，又称 resolution of the identity，RI 近似）是一种数值近似技术，可以在引入误差基本忽略不计的情况下，大幅度降低双电子积分过程的计算消耗[103-104]。本节在考虑 RI 近似的情况下，也有使用到 TZV/J 辅助基组。

　　为了使优化过程更为稳定，使用了 GDⅡS 优化算法。为了获得较为可信的能量计算和频率分析等数据，在自洽场（SCF）计算中使用了严格的自洽场收敛标准（TightSCF）和精密的密度泛函积分格点（Grid4）。一旦几何结构收敛，将在相同计算水平下对得到的结构进行谐振频率分析，以确保得到的结构是势能面上的稳定点，同时获得热力学计算所需的数据。

　　本节重点分析各反应途径的相对能量（ΔE）和自由焓（ΔG）的变化情况，以反映反应过程中的能量变化，揭示 TBBPA 的降解机理。热力学计算在 298.15 K 和 1.00 atm①条件下进行，首先计算分子（离子）内能 U，如式（3-4）所示

$$U=E(\text{el})+E(\text{ZPE})+E(\text{vib})+E(\text{rot})+E(\text{trans}) \tag{3-4}$$

式中，$E(\text{el})$——从分子（离子）电子结构计算得到的电子总能量，kcal/mol；

　　　$E(\text{ZPE})$——零点振动能量，即从频率分析计算获得 0 K 时的振动能量，kcal/mol；

　　　$E(\text{vib})$——特定温度下的振动能量校正，本节中为 298.15 K 下的能量校正，kcal/mol；

　　　$E(\text{rot})$——转动热力学能，kcal/mol；

　　$E(\text{trans})$——平动热力学能，kcal/mol。

　　其中，将电子总能量 $E(\text{el})$和零点振动能量 $E(\text{ZPE})$变化情况的计算总

---

① latm = 1.01325×10^5 Pa。

和[ΔE(el) + ΔE(ZPE)]即为相对能量 ΔE。电子总能量 E(el)的计算如式（3-5）所示

$$E(\text{el}) = E(\text{kin-el}) + E(\text{nuc-el}) + E(\text{el-el}) + E(\text{nuc-nuc}) \qquad （3\text{-}5）$$

式中，E(kin-el)——电子动能，kcal/mol；

　　　E(nuc-el)——原子核-电子之间势能，kcal/mol；

　　　E(el-el)——电子-电子之间势能，kcal/mol；

　　　E(nuc-nuc)——原子核-原子核之间势能，kcal/mol。

　　将计算得到的 U 代入公式 $H = U + k_B \cdot T$，即可计算出焓 H。其中，k_B 为玻尔兹曼（Boltzmann）常数，取 1.38×10^{-23} J/K；T 为温度值 298.15 K。

　　而熵 S 的计算公式如式（3-6）所示

$$S = S(\text{el}) + S(\text{vib}) + S(\text{rot}) + S(\text{trans}) \qquad （3\text{-}6）$$

式中，S(el)——电子熵，J/K；

　　　S(vib)——振动熵，J/K；

　　　S(rot)——转动熵，J/K；

　　　S(trans)——平动熵，J/K。

　　最终通过公式 $\Delta G = \Delta H - T \cdot \Delta S$ 即可计算得到各个反应相关物种的自由焓。

3.2　臭氧氧化技术降解 TBBPA 的影响因素研究

　　研究表明，臭氧氧化技术降解有机污染物主要通过两个途径：一是臭氧分子直接氧化途径，即污染物被臭氧分子直接氧化降解；二是·OH 间接氧化途径，即污染物被臭氧分解过程中生成的·OH 氧化降解[105]。臭氧氧化技术降解有机污染物影响较大的因素主要包括臭氧浓度、溶液初始 pH、温度、TBBPA 初始浓度及水中共存物质等条件。

3.2.1　臭氧浓度对降解 TBBPA 的影响

　　本节试验考察了不同臭氧浓度对降解 TBBPA 的影响。试验条件：TBBPA 浓度为 1.0 mg/L，溶液初始 pH 为 7.0（与 TBBPA 的 pK_a 为 7.5 较

接近），温度为（25±0.5）℃，臭氧浓度分别为 0.25 mg/L、0.50 mg/L、
1.20 mg/L、2.00 mg/L 和 4.00 mg/L，结果如图 3-1 所示。

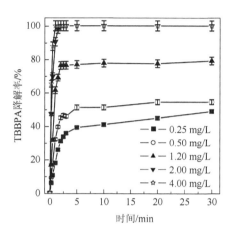

图 3-1 臭氧浓度对降解 TBBPA 的影响

从图 3-1 可以看出，臭氧氧化技术降解 TBBPA 是一个快速反应过程，
反应在前 5 min 很快达到稳定；继续延长臭氧接触时间对 TBBPA 的降解效
果影响不大。臭氧对 TBBPA 具有较好的去除效果。当臭氧浓度为 0.25 mg/L
时，反应 30 min 后 TBBPA 的降解率为 48.9%。随着臭氧浓度的增加，TBBPA
的去除效果明显加强，当臭氧浓度达到 2.00 mg/L 时，仅氧化 2 min，TBBPA
即达到完全去除。当臭氧浓度增至 4.00 mg/L 时，完全去除 TBBPA 所需反
应时间缩短至 1 min。臭氧浓度的增加，使得溶液中的臭氧分子及新生成
的·OH 浓度增加，从而增加了与溶液中 TBBPA 分子的有效接触反应的机
会，因此 TBBPA 的降解率相应增加。本节后续试验选择臭氧浓度分别为
1.20 mg/L 和 2.00 mg/L，其中，1.20 mg/L 是为了便于分析臭氧降解 TBBPA
的普遍规律；2.00 mg/L 是为了便于考察臭氧完全降解 TBBPA 对水质条件
（如溶液 pH、温度等）的适应性及脱溴水平和溴酸盐生成水平。

3.2.2 溶液初始 pH 对臭氧降解 TBBPA 的影响

研究表明，臭氧氧化技术降解有机污染物在酸性条件下以臭氧分子直

接氧化途径为主，即有机污染物被臭氧分子直接攻击或亲电攻击；在碱性条件下以·OH间接氧化途径为主，即有机污染物被羟自由基攻击[106]。臭氧分子氧化具有选择性，而羟自由基氧化无选择性，可见溶液 pH 对臭氧氧化技术具有重要影响。

本节试验考察了不同溶液初始 pH 对臭氧降解 TBBPA 的影响，试验条件：臭氧浓度分别为 1.2 mg/L 和 2.0 mg/L，TBBPA 浓度为 1.0 mg/L，温度为（25±0.5）℃，结果如图 3-2 所示。

从图 3-2 可以看出，随着溶液初始 pH 的升高，臭氧对 TBBPA 的降解效果逐渐变差。从图 3-2（a）可以看出，臭氧浓度为 1.2 mg/L，溶液初始 pH 从 3 升高至 11 时，TBBPA 的降解率从 85.89%下降至 76.35%。从图 3-2（b）可以看出，当臭氧浓度为 2.0 mg/L 时，在考察 pH 范围内（3～11），反应 30 min 均能将 TBBPA 完全去除，然而达到完全去除效果的接触时间随着 pH 的升高而逐渐延长。

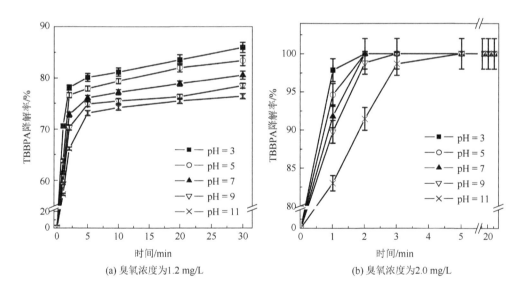

(a) 臭氧浓度为 1.2 mg/L　　　　　(b) 臭氧浓度为 2.0 mg/L

图 3-2　溶液初始 pH 对臭氧降解 TBBPA 的影响

溶液初始 pH 对反应体系中的氧化剂和底物均存在影响。一方面，溶液初始 pH 影响臭氧分子的分解及氧化还原电位。随着 pH 的升高，臭氧分子分解得更快，从而产生更多的羟自由基（·OH），有利于对 TBBPA 的降解；然而，臭氧的氧化还原电位随着 pH 的升高而降低，不利于 TBBPA 的降解。另一方面，溶液初始 pH 影响 TBBPA 的存在形态。由于 TBBPA 是双质子酸（$TBBPA = TBBPA^- + H^+$，$pK_{a1} = 7.5$；$TBBPA^- = TBBPA^{2-} + H^+$，$pK_{a2} = 8.5$），如图 3-3 所示，随着 pH 的增加，溶液中的 TBBPA 分子越来越多地以盐的形式存在，如 $TBBPA^-$、$TBBPA^{2-}$，增加了 TBBPA 的电负性，从而不利于 TBBPA 与臭氧之间的接触反应。

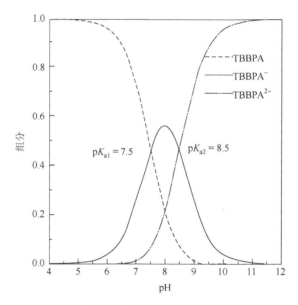

图 3-3　不同 pH 条件下 TBBPA 的组分分布图

因此，本节试验中溶液初始 pH 对臭氧降解 TBBPA 反应的影响是一个复杂、综合的结果。随着 pH 的升高，更多的臭氧分子发生了自分解，参与 TBBPA 降解反应的臭氧分子减少，且臭氧的氧化还原电位降低，因此 TBBPA 的降解效果变差。另外，随着 pH 升高，溴离子的竞争作用更加显著，更多的臭氧分子和新生成的羟自由基参与到氧化游离溴离子的反应中，从而促进了副产物溴酸盐的生成，不利于 TBBPA 的降解。

3.2.3　温度对臭氧降解 TBBPA 的影响

温度影响臭氧与污染物之间的有效碰撞频率，从而影响臭氧对污染物的降解效果。本节试验考察了不同温度对臭氧降解 TBBPA 的影响，试验条件：臭氧浓度分别为 1.2 mg/L 和 2.0 mg/L，TBBPA 浓度为 1.0 mg/L，pH 为 7.0，结果如图 3-4 所示。

从图 3-4 可以看出，在投加固定臭氧浓度的条件下，臭氧对 TBBPA 的降解效能随着温度的升高逐渐降低。当臭氧浓度为 1.2 mg/L，随着温度从 10℃升高至 40℃，TBBPA 的降解率从 83.2%逐渐降低至 76.2%；当臭氧浓度为 2.0 mg/L 时，在温度范围为 10～40℃内，TBBPA 均能完全去除，但所需臭氧氧化接触时间逐渐增加。

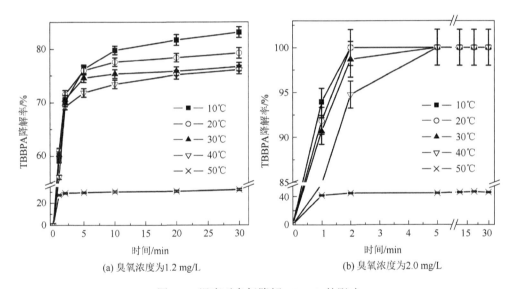

(a) 臭氧浓度为1.2 mg/L　　　　　　(b) 臭氧浓度为2.0 mg/L

图 3-4　温度对臭氧降解 TBBPA 的影响

相关研究表明，反应体系的温度升高可增加臭氧分子和羟自由基与污染物的有效碰撞频率，从而有利于除污效果[107]。因此，若保持反应体系中臭氧浓度不变，则温度的升高对降解有利。但在本节中，臭氧采用一次性投加的方式，体系中臭氧浓度随着反应的进行是逐渐减少的。而随着温度的升高，水相中臭氧分子的自分解速率加快，参与 TBBPA 降解反应的溶解性臭氧衰减更快，从而对氧化反应不利。如图 3-5 所示，利用靛蓝法对不同温度下的臭氧浓度（1.2 mg/L）进行检测可知，当温度从 10℃升高至 40℃时，仅 10 min 水中溶解的臭氧剩余浓度百分比从 57.3%减少至 29.1%。

这种现象在温度达到 50℃时更加显著，臭氧浓度快速减少至 10.3%，相应的 TBBPA 的降解率也陡降至 32.33%。鉴于臭氧在室温条件下（约 25℃）对 TBBPA 已有较好的降解效果，后续试验温度均采用室温。

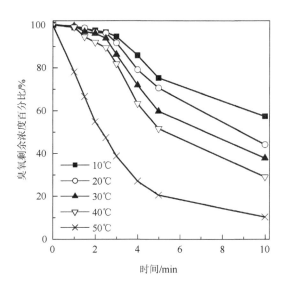

图 3-5　不同温度下臭氧浓度变化情况

3.2.4　TBBPA 初始浓度对臭氧降解 TBBPA 的影响

　　环境介质中 TBBPA 的浓度水平在纳克到微克的范围内，而工业废水中 TBBPA 的含量甚至高达几百 μg/L，为了便于研究 TBBPA 的降解规律，选择 TBBPA 浓度为 1.0 mg/L。本节试验进一步考察臭氧在更低或更高的 TBBPA 初始浓度下对其的降解效果，主要条件：TBBPA 初始浓度分别为 0.5 mg/L、1.0 mg/L、1.5 mg/L、2.0 mg/L，臭氧浓度为 1.2 mg/L，pH 为 7.0，温度（25±0.5）℃，结果如图 3-6 所示。

　　从图 3-6 可以看出，臭氧氧化技术对 TBBPA 的降解率随着 TBBPA 初始浓度的升高而逐渐降低。当 TBBPA 的初始浓度从 0.5 mg/L 增加至 2.0 mg/L 时，经臭氧 30 min 接触反应，TBBPA 的降解率从 100%逐渐降低至 56.43%。这是因为随着 TBBPA 初始浓度的升高，反应体系中臭氧与 TBBPA 的摩尔浓度比降低，即单位摩尔 TBBPA 接触吸收的臭氧浓度下降，

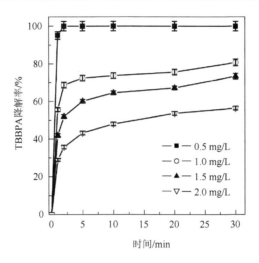

图 3-6　TBBPA 初始浓度对臭氧降解 TBBPA 的影响

从而导致 TBBPA 的降解率下降[108]。计算可知，当 TBBPA 初始浓度分别为 0.5 mg/L、1.0 mg/L、1.5 mg/L、2.0 mg/L 时，臭氧与 TBBPA 的摩尔浓度比分别为 27.2、13.6、9.1、6.8。虽然在相同臭氧投量的条件下，TBBPA 初始浓度的提高使其降解率降低，但反应效率提高，即 TBBPA 的绝对去除量增加，反应 30 min 后 TBBPA 总去除量从 0.5 mg/L 增加至 1.13 mg/L。这是因为 TBBPA 初始浓度的提高使其与臭氧的摩尔浓度比提高，使臭氧分子的利用率提高，这对臭氧氧化除污反应本身是有利的。

3.2.5　水中共存物质对臭氧降解 TBBPA 的影响

实际调研结果表明，在 TBBPA 废水或 TBBPA 受纳水体中共存有各种物质，包括金属离子、无机离子和有机物等，这些物质的存在对臭氧降解 TBBPA 可能存在干扰，因此，有必要研究这些共存物质对臭氧降解 TBBPA 的影响。

根据实际废水调研情况，本节主要选择了水中常被检出且浓度较高的几种物质，包括 Cu^{2+}、Fe^{3+}、HCO_3^-、PO_4^{3-}、NO_3^-、NH_4^+ 及天然有机物（NOM）等，考察其对臭氧降解 TBBPA 的影响，试验条件：臭氧浓度为 1.0 mg/L，TBBPA 浓度为 1.0 mg/L，溶液初始 pH 为 7.0，温度为（25±1）℃。

1. 金属离子

金属离子 Cu^{2+} 和 Fe^{3+} 对臭氧降解 TBBPA 的影响如图 3-7 所示，其中，Cu^{2+} 和 Fe^{3+} 浓度考察范围为 $0\sim5$ mg/L。

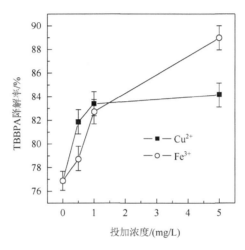

图 3-7　Cu^{2+} 和 Fe^{3+} 对臭氧降解 TBBPA 的影响

从图 3-7 可以看出，Cu^{2+} 和 Fe^{3+} 的投加均促进了臭氧氧化技术对 TBBPA 的降解，并且随着两种金属离子投加浓度的升高，促进效果也更加明显。以 Fe^{3+} 为例，当 Fe^{3+} 投加浓度从 0 增加至 5 mg/L 时，TBBPA 的降解率从 76.9% 增加至 89.0%。究其原因主要包括两方面：一方面，Fe^{3+} 的投加使得水中形成 $Fe(OH)_3$ 胶体，它具有絮凝作用，可将 TBBPA 吸附去除；另一方面，Fe^{3+} 的投加可催化臭氧的链式反应生成更多的 ·OH，从而加强了间接反应对 TBBPA 的降解，主要反应如式（3-7）～式（3-10）所示。Cu^{2+} 对臭氧降解 TBBPA 的影响机理与 Fe^{3+} 类似，$Cu(OH)_2$ 同样具有絮凝功能，且可催化臭氧促发链式反应。

$$Fe^{3+}+O_3+H_2O \longrightarrow FeO^{2+}+H^++\cdot OH+O_2 \qquad (3\text{-}7)$$

$$2HO_2\cdot \longrightarrow H_2O_2+O_2 \qquad (3\text{-}8)$$

$$Fe^{3+}+H_2O_2 \longrightarrow Fe^{2+}+H^++\cdot OH+HO_2\cdot \qquad (3\text{-}9)$$

$$Fe^{2+}+H_2O_2 \longrightarrow Fe^{3+}+H^++\cdot OH+OH^- \qquad (3\text{-}10)$$

2. 无机离子

无机离子 HCO_3^-、PO_4^{3-}、NO_3^- 及 NH_4^+ 投加浓度范围分别为 $0\sim500\ \mathrm{mg/L}$、$0\sim500\ \mathrm{mg/L}$、$0\sim20\ \mathrm{mg/L}$、$0\sim20\ \mathrm{mg/L}$，考察其对臭氧降解 TBBPA 效果的影响，结果如图 3-8 所示。

从图 3-8 可以看出，HCO_3^- 和 NH_4^+ 的投加对 TBBPA 的降解均存在一定的抑制作用，且随着两者投加浓度的增加，抑制效果更加显著；PO_4^{3-} 的投加有利于臭氧降解 TBBPA；NO_3^- 对臭氧降解 TBBPA 的影响较小。

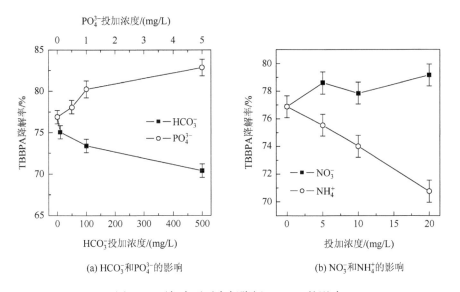

(a) HCO_3^- 和 PO_4^{3-} 的影响　　　　　　　(b) NO_3^- 和 NH_4^+ 的影响

图 3-8　无机离子对臭氧降解 TBBPA 的影响

HCO_3^- 的投加对臭氧降解 TBBPA 反应体系的抑制作用主要包括两方面[109]：HCO_3^- 的投加增加了水中的碱度，使溶液 pH 有一定的升高，如图 3-9 所示，当 HCO_3^- 投加浓度从 5 mg/L 增加至 500 mg/L 时，溶液 pH 从 7.2 增加至 9.3，pH 的升高不利于臭氧降解 TBBPA；另外，HCO_3^- 对臭氧链式反应产生的·OH 具有较强的捕获作用，与其反应生成 H_2O 和 CO_3^-，反应式如式（3-11）和式（3-12）所示。随着 HCO_3^- 投加浓度的升高，其对臭氧降解 TBBPA 的抑制作用越发明显。当 HCO_3^- 投加浓度从 0 增加至 500 mg/L 时，TBBPA 的降解率从 76.9% 下降至 70.4%。NH_4^+ 的投加对臭氧降解 TBBPA 存在抑制作用，主要是由于它具有一定的还原性，能够与反应体系中的 TBBPA 竞争臭氧分子和羟自由基，从而不利于 TBBPA 的降解。因此，当 NH_4^+ 的投加浓度升高至 20 mg/L 时，TBBPA 的降解率已下降至 70.7%。PO_4^{3-} 的投加增强了反应体系的离子强度，产生正原盐效应，有利于臭氧降解 TBBPA，且这种效应随着 PO_4^{3-} 投加浓度的增加更加显著。当 PO_4^{3-} 的投加浓度增加至 5 mg/L 时，TBBPA 的降解率提高至 82.9%。由于 NO_3^- 无法参与臭氧氧化反应过程，相对其他共存物质，NO_3^- 的投加对臭氧降解 TBBPA 的影响不大，TBBPA 的降解率保持在 76.9%～79.1%范围内波动。

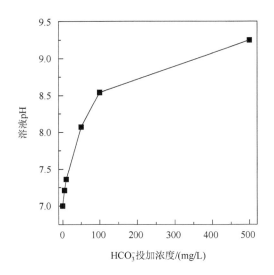

图 3-9　HCO_3^- 对溶液 pH 的影响

$$HCO_3^- + \cdot OH \longrightarrow H_2O + CO_3^- \qquad k = 1.5 \times 10^7 M^{-1} s^{-1}① \qquad (3\text{-}11)$$

$$CO_3^{2-} + \cdot OH \longrightarrow OH^- + CO_3^- \qquad k = 4.2 \times 10^8 M^{-1} s^{-1} \qquad (3\text{-}12)$$

3. 有机物

在水中存在着大量复杂有机物，其中不乏具有不饱和结构，这些有机物的存在对氧化反应具有明显的影响。本节以腐殖酸为代表，考察了水中

---

① 其中，M = mol/L。

有机物对臭氧降解 TBBPA 的影响，其中腐殖酸的投加浓度以 TOC 计，浓度范围为 0～10 mg-TOC/L，结果如图 3-10 所示。

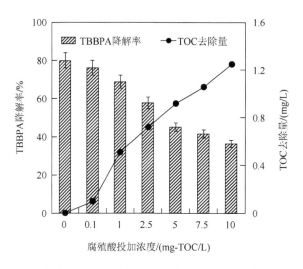

图 3-10　NOM 对臭氧降解 TBBPA 的影响

从图 3-10 可以看出，水中腐殖酸的存在对臭氧降解 TBBPA 具有较为明显的抑制作用。当腐殖酸的投加浓度由 0.1 mg-TOC/L 增加至 10 mg-TOC/L 时，TBBPA 的降解率由 79.9% 下降至 36.3%；而 TOC 的去除量则逐渐增加至 1.2 mg/L。由于臭氧氧化具有选择性，当水中有机物成分复杂时，它更倾向于与具有不饱和构造的烯键、炔键、活性芳香族系统及未被质子化的胺类反应[110]。腐殖酸是天然大分子芳香族羧酸类物质，环上连有大量羟基、羧基和羰基等官能团，相对于 TBBPA 更容易与臭氧发生反应。因此，NOM 在反应体系存在时会与 TBBPA 竞争臭氧分子及羟自由基，从而抑制对 TBBPA 的降解。

3.3　臭氧降解 TBBPA 过程中的无机中间产物研究

TBBPA 分子结构中溴元素的质量比例高达 58.8%，是其重要组成部分。脱溴反应，即在 TBBPA 降解过程中游离溴离子（Br⁻）的生成过程。生成的 Br⁻ 一方面，可再次与其他有机中间产物结合形成含溴有机物；另一方面，当游离溴离子积累到一定程度可进一步被氧化成溴酸盐中间产物甚至是副产物溴酸盐本身，这在饮用水研究中已得到证实[111]。由于新生成的含溴有机物及溴酸盐的中间产物的种类和含量难以精确捕获并检测，本节将脱溴水平定义为"在 TBBPA 降解过程中，溴元素从 TBBPA 分子结构中脱离，生成的游离溴离子与初始 TBBPA 中的溴元素的百分比"，研究重点集中在对游离溴离子的生成规律方面。而溴酸盐是一种潜在的致癌物质，人体长期暴露在溴酸盐环境下可引起严重的胃肠道刺激、肾功能衰竭、听力损失等[112]，因此，分析臭氧降解 TBBPA 过程中的溴酸盐生成水平也是至关重要的。

本节在考察了臭氧氧化技术在不同影响因素条件下（包括臭氧浓度、溶液初始 pH、温度及 TBBPA 初始浓度）对 TBBPA 降解效能的基础上，进一步研究臭氧降解 TBBPA 过程中的无机中间产物，包括脱溴水平和溴酸盐生成水平。

3.3.1　臭氧降解 TBBPA 过程中的脱溴水平

本节主要考察了不同条件下（包括臭氧浓度、溶液初始 pH、温度及 TBBPA 初始浓度）臭氧降解 TBBPA 过程中游离溴离子的生成情况，试验结果如 图 3-11 所示 [图 3-11（b）～（d）中臭氧浓度均为 2.0 mg/L]。

从图 3-11 可以看出，相对于 TBBPA 的快速降解（见 3.1 节内容），脱溴水平存在一定程度的滞后性；且在不同臭氧浓度、溶液初始 pH、温度等试验条件下，随着反应时间的延长，臭氧降解 TBBPA 过程中的脱溴率均呈先升高后降低的趋势。

臭氧浓度对脱溴率的影响与其对 TBBPA 降解的影响相同，均随臭氧浓度的升高而升高 [图 3-1、图 3-11（a）]。当臭氧浓度从 0.25 mg/L 增加至 2.00 mg/L，TBBPA 降解率从 48.9%增加至 100%，脱溴率从 35.8%增加至 68.6%。当臭氧浓度为 4.00 mg/L，反应 2 min 时脱溴率迅速升高至 78.5%，反应 30 min 后逐渐降低至 67.7%，说明更多的臭氧参与了游离溴离子氧化反应，导致脱溴率不能继续提高。

如图 3-11（b）所示，与 TBBPA 的降解效果相反［图 3-2（b）］，脱溴率随着初始 pH 的升高而逐渐提高。当溶液初始 pH 从 3 增加至 11 时，臭氧氧化技术完全降解 TBBPA 所需反应时间从 1 min 延长至 3 min，而 TBBPA 的脱溴率从 65.67%逐渐增加至 73.76%。分析原因可能是在 TBBPA 被完全降解的情况下，随着 pH 的升高，臭氧催化分解产生更多的羟自由基，具有非选择性，其与更多的低溴有机中间产物反应生成游离溴离子，使脱溴率得到提高。

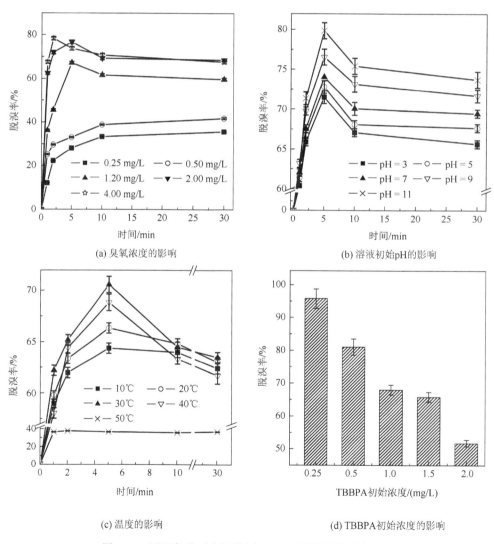

(a) 臭氧浓度的影响

(b) 溶液初始pH的影响

(c) 温度的影响

(d) TBBPA初始浓度的影响

图 3-11　不同条件下臭氧降解 TBBPA 过程中的脱溴水平

如图 3-4（b）和图 3-11（c）所示，在考察的温度范围内（10～50℃）TBBPA 均被完全降解，但所需臭氧氧化时间随温度升高而延长；而温度过低或过高均不利于脱溴率的提高。温度过低时，氧化剂主要参与到 TBBPA 的降解反应中，因此产生的游离溴离子较少；而温度过高时，水中臭氧的溶解度大大下降，TBBPA 降解受阻，更不利于脱溴率的进一步提高。

从图 3-11（d）可以看出，随着 TBBPA 初始浓度的降低，TBBPA 得到充分降解的同时脱溴率也得到进一步提高，这有利于将臭氧氧化技术应用于处理较低环境水平含 TBBPA 的水体。

脱溴水平的滞后性可从 TBBPA 分子结构进行分析，如图 3-12 和表 3-1 所示，它们分别描述了 TBBPA 分子结构图及其结构中各原子的电荷密度和自旋密度情况。电荷密度表明除 C2、C5 原子带正电荷外，其他原子均带负电荷；自旋密度表明不成对的电子多存在 O1、C3、C5、C7 原子上且排序为 C5＞C3＞C7＞O1。由于臭氧氧化反应具有选择性，且多为亲电反应，在降解 TBBPA 过程中，最容易被攻击的为不成对电子较多的原子。在 TBBPA 分子结构中，最容易被攻击的首先是连接两个苯环的 C—C 键，即发生 β 位断裂；其次为苯环上的 C—Br 键，Br 脱离 TBBPA 分子结构生成游离溴离子，即脱溴反应；最后为苯环上的 C—O 键，即氧化反应。

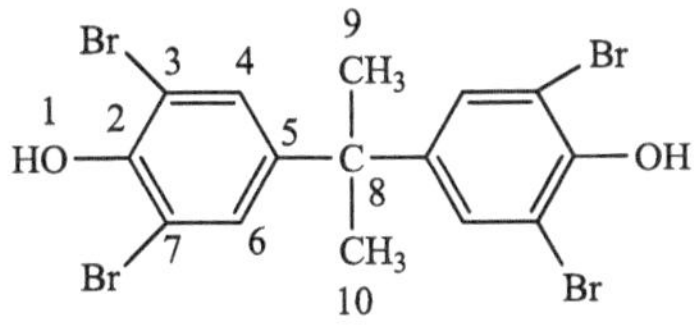

图 3-12　TBBPA 分子结构图

表 3-1　TBBPA 分子结构中各原子的电荷密度和自旋密度

序号	电荷密度/(e/Å³)	自旋密度/(e/Å³)
1	−0.427	0.868
2	0.483	−0.851
3	−0.400	0.924

续表

序号	电荷密度/(e/Å³)	自旋密度/(e/Å³)
4	−0.186	−0.850
5	0.025	0.931
6	−0.155	−0.855
7	−0.403	0.902
8	−0.318	−0.034
9	−0.522	−0.005
10	−0.523	0.016

因此，在臭氧降解 TBBPA 反应体系中，由于 C5 类 C—C 键比 C3 类 C—Br 键更容易断裂，导致游离溴离子的生成速率低于 TBBPA 的降解效率。臭氧降解 TBBPA 反应开始后，C—C 键断裂，生成低溴有机中间产物，TBBPA 脱除；C—Br 键断裂，生成游离溴离子，脱溴率升高。随着反应时间延长，脱溴率呈下降趋势，一方面，游离溴离子积累到一定程度可继续被臭氧分子或羟自由基氧化,生成副产物溴酸盐[72]（具体见 3.2.2 节）；另一方面，在氧化剂的存在下，芳环很容易实现溴化氧化，生成活性芳烃[113]，因此，溴离子也极有可能与 TBBPA 的中间产物反应，生成新的含溴有机物，从而使脱溴率下降。

从图 3-11 可以看出，当 TBBPA 浓度为 1.0 mg/L 时，经 30 min 接触反应，臭氧降解 TBBPA 过程中的脱溴率保持在 65%以上，远远高于以往报道中的其他 TBBPA 降解技术[78,114]。臭氧氧化技术既能高效地降解 TBBPA，脱溴率也较高，是具有较大应用前景的应用技术。

3.3.2　臭氧降解 TBBPA 过程中的溴酸盐生成水平

在 TBBPA 中，溴元素的含量高达 58.8%，而臭氧降解 TBBPA 过程中的脱溴率也在 65%以上，较高的脱溴率也将会导致具有遗传毒性的溴酸盐生成风险更高，有必要进一步深入研究臭氧降解 TBBPA 过程中溴酸盐的生成情况。本节考察了不同试验条件下臭氧降解 TBBPA 过程中溴酸盐的生成情况，结果如 图 3-13 所示［图 3-13（b）～（d）中臭氧浓度均为 2.0 mg/L］。

臭氧降解 TBBPA 生成溴酸盐包括两个阶段：第一阶段为游离溴离子积累阶段，即臭氧降解 TBBPA 并生成溴离子；第二阶段为溴酸盐生成阶段，即当游离溴离子浓度达到一定程度后继续被臭氧氧化生成溴酸盐，并伴随着溴离子与 TBBPA 有机中间产物的再结合反应[62]。因此，随着臭氧接触时间的延长，水中生成的溴离子浓度呈先升高后降低的趋势（图 3-11），而溴酸盐的生成量逐渐升高（图 3-13）。

溴酸盐的生成水平与反应体系中的臭氧浓度及游离溴离子浓度密切相关，研究表明，当水中溴离子浓度大于 50～100 μg/L，且臭氧浓度大于 1.0 mg/L 时，在臭氧氧化技术中存在溴酸盐生成风险[115]。

如图 3-13（a）所示，随着臭氧浓度的增加，溴酸盐生成水平逐渐升高。当臭氧浓度低于 1.2 mg/L 时，无溴酸盐检出；当臭氧浓度从 1.2 mg/L 增加至 4.0 mg/L 时，溴酸盐的浓度从 7.6 μg/L 升高至 80.5 μg/L。在 3.3.1 节中，当臭氧浓度为 0.25 mg/L 和 0.50 mg/L 时，虽然生成的游离溴离子浓度已高达为 210.5 μg/L 和 246.4 μg/L，但臭氧浓度过低，其主要参与 TBBPA 的降解（降解率仅为 48.9% 和 54.5%），反应以第一阶段为主，因此无溴酸盐生成风险。随着臭氧浓度增加，水中 TBBPA 降解程度越来越大，溴离子的浓度也更高，此时参与氧化溴离子反应的臭氧比重增加，溴酸盐生成风险增加。

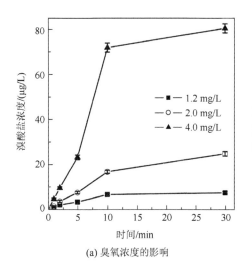

(a) 臭氧浓度的影响

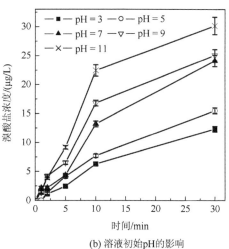

(b) 溶液初始pH的影响

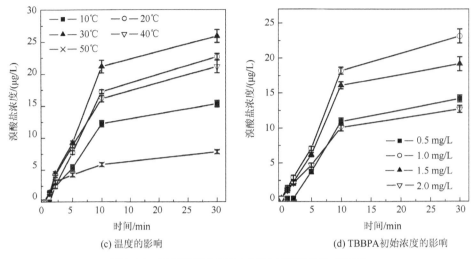

(c) 温度的影响　　　　　　　　　　(d) TBBPA 初始浓度的影响

图 3-13　臭氧降解 TBBPA 过程中溴酸盐生成情况

另外，由于 TBBPA 初始浓度决定了溴离子浓度并影响 TBBPA 降解情况，随着 TBBPA 初始浓度升高，溴酸盐生成风险呈先升高后降低的趋势[图 3-13（d）]。当 TBBPA 初始浓度较低时，虽然 TBBPA 的降解率较大，但溴离子浓度低，生成的溴酸盐浓度较低；当 TBBPA 初始浓度较高时，虽然溴离子的浓度较高，但水中臭氧主要参与 TBBPA 的降解，溴酸盐的生成风险也较低。

溶液初始 pH 和温度是两个影响溴酸盐生成水平的重要水质条件。如图 3-13（b）所示，溶液初始 pH 的升高使得溴酸盐浓度增加。在整个 pH 考察范围内（3～11）均存在溴酸盐生成风险，其浓度从 12.3 µg/L 逐渐增加至 30.2 µg/L。溶液初始 pH 主要从两方面影响溴酸盐的生成：一是随着 pH 的升高，催化臭氧生成更多更高活性的羟自由基，使·OH 间接氧化途径生成溴酸盐的比重增加；二是随着 pH 的升高，溴酸盐主要中间产物 HOBr 和 OBr⁻ 之间的平衡更偏向于后者（$HOBr \longrightarrow OBr^- + H^+$，$pK_a = 8.86$），而 OBr⁻ 与羟自由基具有更高的反应活性（$k_{\cdot OH/OBr^-} = 4.5 \times 10^9 \, M^{-1} s^{-1}$，$k_{\cdot OH/HOBr} = 2.0 \times 10^9 \, M^{-1} s^{-1}$），增加了溴酸盐风险[94]。

如图 3-13（c）所示，在 30℃ 内提高温度将使溴酸盐浓度增加至 25.9 µg/L；当继续升高温度至 50℃ 时可降低溴酸盐的生成水平，但此时不利于 TBBPA 的降解及脱溴水平的提高。

综上所述，臭氧氧化技术虽然能快速、高效地降解 TBBPA，且具有较高的脱溴水平，但同时也导致溴酸盐生成风险更高，这是臭氧氧化技术的不足之处。

3.4　臭氧降解 TBBPA 的反应机理分析

目前针对臭氧降解 TBBPA 的研究主要集中在对目标污染物的去除效果上，而对反应过程中的有机中间产物、矿化度及反应机理的研究相当缺乏。因此，本节在前期降解规律研究的基础上，利用 GC-MS/MS 对臭氧降解 TBBPA 过程中产生的有机中间产物进行定性及半定量分析，提出臭氧降解 TBBPA 的反应途径；并结合量子化学计算，从热力学角度验证反应途径的可行性，以此来揭示臭氧降解 TBBPA 的反应机理。

3.4.1　臭氧降解 TBBPA 的有机中间产物和矿化度分析

1. 臭氧降解 TBBPA 过程中有机中间产物分析

本节中的有机中间产物主要通过两个途径确定：一是通过查找质谱 NIST 谱库直接确定；二是通过对比标准有机物特征离子碎片质谱信息验证，并与已经报道的文献进行对比确定。通过以上方法最终确定了 9 个有机中间产物，结果如 表 3-2 所示。降解过程中各有机中间产物（分别用 $p_1 \sim p_9$ 进行标注）及 TBBPA（以 p_0 标注）的特征离子碎片质谱信息如图 3-14 所示。

从表 3-2 可以看出，在确定的 9 个有机中间产物中，低溴有机中间产物有 7 个，且主要为 2,6-二溴类物质，如 2,6-二溴苯酚、2,6-二溴对异丙烯基苯醌、2,6-二溴对叔丁基苯酚、2,6-二溴对-(2-叔丁醇)苯酚、2,6-二溴对-(2-丙醇)乙酸苯酯等。相关研究也表明，2,6-二溴类物质是 TBBPA 降解过程中最重要的产物[60-61,63,73-76]。这些物质可通过两种途径生成：一是臭氧攻击连接 TBBPA 两个苯环的 C—C 键，使其断裂，从而生成 2,6-二溴类物质；二是在 TBBPA 降解过程中，生成的游离溴离子又很容易与中间产物发生取代反应，此过程也可得到 2,6-二溴类物质。

表 3-2　臭氧降解 TBBPA 过程中的有机中间产物

中间产物	名称	t/min	分子式	结构式	质荷比（峰强度）/%
p_1	叔丁基苯	4.596	$C_{10}H_{14}$		119（100）91（51）134（23）
p_2	对异丙烯基苯酚	4.914	$C_9H_{10}O$		134（100）119（71）94（18）
p_3	2,6-二溴苯酚	6.914	$C_6H_4Br_2O$		252（100）63（49）143（19）
p_4	2,6-二溴对异丙烯基苯醌	9.857	$C_9H_8Br_2O$		292（100）71（37）279（28）132（26）
p_5	邻溴对异丙烯基苯酚	10.393	C_9H_9BrO		105（100）91（62）212（42）
p_6	2,6-二溴对叔丁基苯酚	10.545	$C_{10}H_{12}Br_2O$		293（100）308（26）212（20）
p_7	2,6-二溴对-(2-叔丁醇)苯酚	10.568	$C_9H_{10}Br_2O_2$		309（100）71（20）279（13）
p_8	2,6-二溴对-(2-丙醇)乙酸苯酯	10.726	$C_{11}H_{12}Br_2O_3$		295（100）310（37）84（32）
p_9	三溴双酚 A	16.204	$C_{15}H_{13}Br_3O_2$		451（100）449（84）

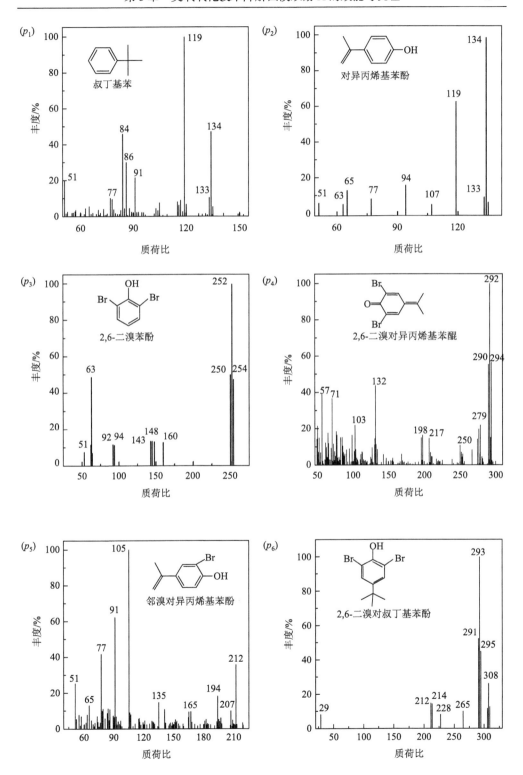

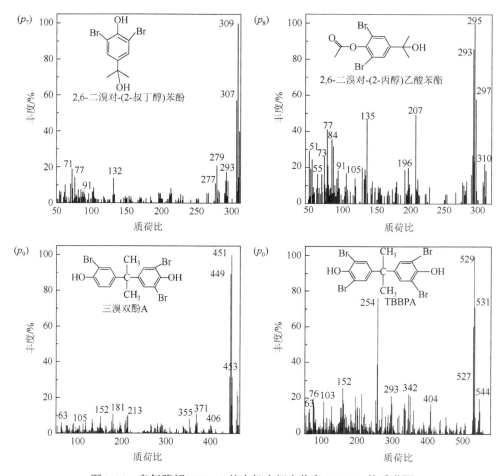

图 3-14　臭氧降解 TBBPA 的有机中间产物和 TBBPA 的质谱图

本节还确定了三溴双酚 A,说明在臭氧降解 TBBPA 中存在逐级氧化脱溴过程。TBBPA 分子结构中 C—Br 键被打断,4 个溴元素逐级离开苯环,生成游离溴离子及相应的脱溴双酚 A 物质,包括三溴双酚 A、二溴双酚 A、一溴双酚 A 和双酚 A,此结果在物理还原反应[79]、生物厌氧反应[49]及其他高级氧化反应[78]降解 TBBPA 中均被证明。另外,由于臭氧降解 TBBPA 过程中的高脱溴水平,本节还确定了完全脱溴产物,如叔丁基苯和对异丙烯基苯酚。

2. 臭氧降解 TBBPA 的矿化度分析

本节进一步对臭氧降解 TBBPA 的矿化度进行分析,主要试验条件:

TBBPA 浓度为 1.0 mg/L，臭氧投加浓度分别为 0.25 mg/L、0.50 mg/L、1.20 mg/L、2.00 mg/L、4.00 mg/L，溶液初始 pH 为 7.0，温度为（25±1）℃，反应 30 min，结果如图 3-15 所示。

如图 3-15 所示，在臭氧氧化技术中，相对于 TBBPA 的快速降解，其对 TBBPA 的矿化程度具有一定的滞后性，两者均随着臭氧投加浓度的增加而逐渐提高。当臭氧浓度从 0.25 mg/L 增加至 1.20 mg/L 时，TBBPA 降解率从 48.9% 升高至 79.2%，对应的 TBBPA 矿化度从 27.4% 增加至 54.9%；当臭氧浓度增加至 2.00 mg/L 时，TBBPA 已完全降解，其矿化度增加至 71.1%；当臭氧浓度达到 4.00 mg/L 时，矿化度增加至 83.0%。臭氧降解 TBBPA 时，TBBPA 其本身被脱除，转化为其他无机和有机中间产物存在于反应体系中，因此矿化度具有一定的滞后性。如需提高 TBBPA 降解过程中的矿化度，需大幅度提高臭氧投加浓度，但同时将带来无机副产物溴酸盐生成风险，不利于臭氧氧化技术的应用。

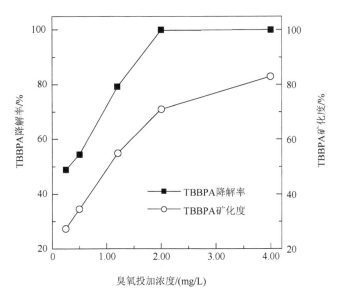

图 3-15　臭氧降解 TBBPA 的降解率和矿化情况

3.4.2　臭氧降解 TBBPA 的反应途径和 DFT 计算分析

通过对文献调研进行总结可知，其他 TBBPA 降解技术虽提出了部分可能性反应途径，但大多只根据仪器检测出的中间产物进行分析，缺乏理论计算的验证。因此，基于前面对 TBBPA 降解过程中的无机中间产物（脱溴水平和溴酸盐生成水平）和有机中间产物分析，本节将总结并提出臭氧氧化技术降解 TBBPA 的反应途径，并利用量子化学计算进行分析，以揭示 TBBPA 降解机理。由于臭氧氧化技术降解机理已被广泛证明包括臭氧分子直接氧化途径和·OH 间接氧化途径，且·OH 能够无选择性地对目标污染物进行降解。因此，本节在讨论 TBBPA 降解机理时主要以·OH 为氧化剂进行分析，同时也考虑了臭氧分子和一部分中间产物直接进行反应可能经历的通道。

根据表 3-1 TBBPA 分子结构中各原子的电荷密度和自旋密度情况，TBBPA 容易受攻击的主要结构包括三部分：连接两个苯环的 C—C 键、苯环上的 C—Br 键和 C—O 键，本节也将从这三方面进行降解机理分析。

首先，TBBPA 分子结构中连接两个苯环的 C—C 键最容易受到·OH 的攻击，TBBPA 与·OH 通过氢键作用形成过渡态 t_1，进而经加成和氢抽提反应通道逐步被降解，具体反应途径如图 3-16 所示，通过量子化学计算得到反应过程中热力学数据变化情况（相对能量 ΔE 和自由焓 ΔG），如表 3-3。

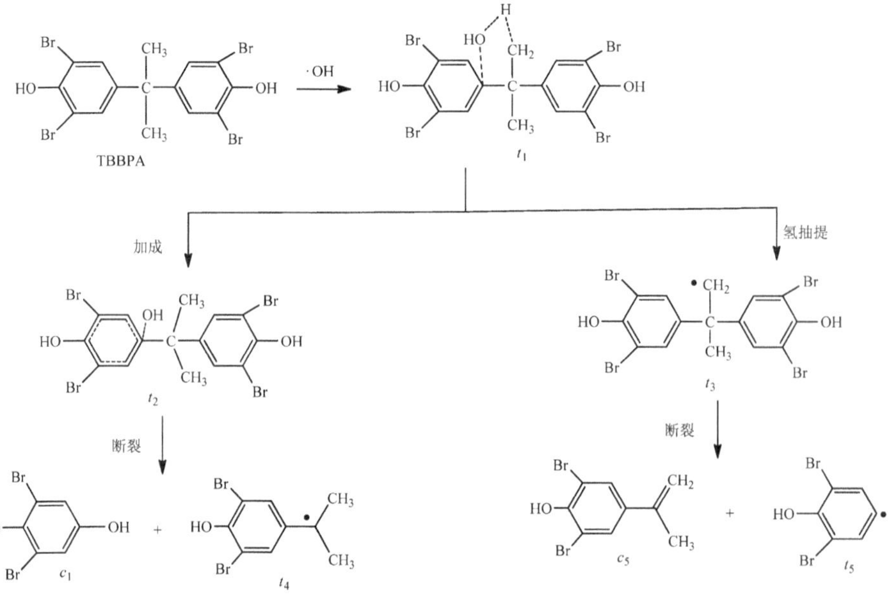

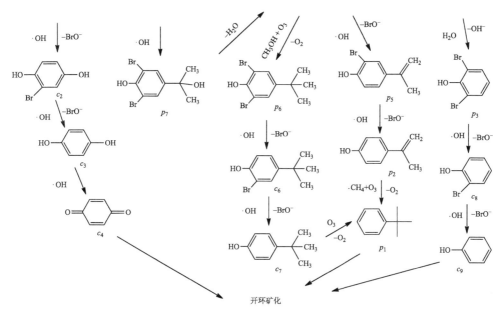

图 3-16　臭氧降解 TBBPA 的加成和氢抽提反应途径

表 3-3　加成和氢抽提反应过程中热力学数据变化情况

反应途径	$\Delta E/(\text{kcal/mol})$	$\Delta G/(\text{kcal/mol})$
$\text{TBBPA} + \cdot\text{OH} \longrightarrow \rightarrow c_1 + t_4$	−52.34	−40.36
$c_1 + \cdot\text{OH} \longrightarrow c_2 + \text{BrO}^-$	−35.44	−36.90
$c_2 + \cdot\text{OH} \longrightarrow c_3 + \text{BrO}^-$	−31.66	−33.17
$c_3 + 2\cdot\text{OH} \longrightarrow c_4 + 2\text{H}_2\text{O}$	−91.08	−91.85
$t_4 + \cdot\text{OH} \longrightarrow p_7$	−51.45	−60.78
$p_7 \longrightarrow c_5 + \text{H}_2\text{O}$	6.01	−5.36
$c_5 + \text{CH}_3\text{OH} + \text{O}_3 \longrightarrow p_6 + 2\text{O}_2$	−29.96	−25.61
$p_6 + \cdot\text{OH} \longrightarrow c_6 + \text{BrO}^-$	−34.72	−36.24
$c_6 + \cdot\text{OH} \longrightarrow c_7 + \text{BrO}^-$	−30.99	−33.58
$c_7 + \text{O}_3 \longrightarrow p_1 + 2\text{O}_2$	−11.94	−21.20
$c_5 + \cdot\text{OH} \longrightarrow p_5 + \text{BrO}^-$	−35.16	−36.64
$p_5 + \cdot\text{OH} \longrightarrow p_2 + \text{BrO}^-$	−31.26	−32.78
$p_2 + \cdot\text{CH}_4 + \text{O}_3 \longrightarrow p_1 + 2\text{O}_2$	−17.27	−14.98
$\text{TBBPA} + \cdot\text{OH} \longrightarrow t_3 + \text{H}_2\text{O}$	−14.82	−15.98
$t_3 \longrightarrow c_5 + t_5$	19.68	1.90
$t_5 + \text{H}_2\text{O} \longrightarrow p_3 + \text{OH}^-$	−22.92	−21.66
$p_3 + \cdot\text{OH} \longrightarrow c_8 + \text{BrO}^-$	−32.10	−33.62
$c_8 + \cdot\text{OH} \longrightarrow c_9 + \text{BrO}^-$	−34.48	−35.83

在加成反应通道中，·OH 连接在一个苯环的 C 键上形成中间体 t_2，随后断裂生成二溴类物质 c_1 和中间体 t_4，热力学数据表明该加成反应为放热反应，相对能量 ΔE 和自由焓 ΔG 分别为 –52.34 kcal/mol 和 –40.36 kcal/mol。其中，c_1 被·OH 逐级氧化脱溴生成产物 c_2 和 c_3，释放出溴酸盐中间产物 BrO^-，反应分别放热 –36.90 kcal/mol 和 –33.17 kcal/mol；c_3 继续被氧化生成苯醌（c_4），放热达 –91.85 kcal/mol，并最终开环矿化。中间体 t_4 经·OH加成生成产物 p_7，放热 –60.78 kcal/mol；p_7 经消除反应可生成二溴苯烯类化合物 c_5，ΔE 为 6.01 kcal/mol，ΔG 为 –5.36 kcal/mol，虽然该反应步骤的实现难度相对较大，但依然为放热过程。一方面，c_5 可经甲醇（助溶作用）加成和臭氧分子氧化作用生成产物 p_6（放热 –25.61 kcal/mol），后经·OH 逐级氧化脱溴生成化合物 c_6 和 c_7，ΔG 分别为 –36.24 kcal/mol和 –33.58 kcal/mol，c_7 继续脱羟基化生成产物 p_1，反应继续放热 –21.20 kcal/mol。另一方面，c_5 也可直接经氧化脱溴生成产物 p_5 和 p_2（ΔG 分别为 –36.64 kcal/mol 和 –32.78 kcal/mol），p_2 继续经甲基臭氧氧化也可生成 p_1 并放热 –14.98 kcal/mol，最后，p_1 被彻底开环矿化。

在氢抽提反应通道中，连接苯环的 C—C 键上的氢被抽提生成自由基 t_3（放热 –15.98 kcal/mol），t_3 断裂后生成 c_5 和中间体 t_5，ΔE 和 ΔG 分别为 19.68 kcal/mol 和 1.90 kcal/mol，为吸热过程。c_5 降解途径如上所述，t_5 与 H_2O 加成作用生成产物 p_3 并放热 –21.66 kcal/mol，后经逐级氧化脱溴生成 c_8 和 c_9，分别放热 –33.62 kcal/mol 和 –35.83 kcal/mol，并最终被开环矿化。从以上的量子化学计算可以看出，从热力学水平上看，TBBPA 经加成和氢抽提反应通道进行降解，大部分是放热反应，反应途径证实可行；且相对于氢抽提反应途径，加成反应更容易发生。

臭氧降解 TBBPA 的第二种可能性反应途径为逐级氧化脱溴过程，即 TBBPA 分子结构中的溴元素被氧化逐个脱离生成游离溴离子或进一步被氧化，整个反应途径如图 3-17 所示，各反应相对能量（ΔE）变化情况和自由焓（ΔG）变化情况如表 3-4 所示。在逐级氧化脱溴反应途径中，·OH与 TBBPA 分子中 Br、C 元素结合形成过渡态分子 t_6，随后一个 Br 元素从TBBPA 分子中脱除并继续被氧化成 BrO^-，TBBPA 本身变成三溴双酚 A

（p_9）。经量子化学计算可知，氧化脱溴反应为放热过程，反应相对能量 ΔE 和自由焓 ΔG 分别为 -34.90 kcal/mol 和 -36.77 kcal/mol，可见臭氧降解 TBBPA 的逐级氧化脱溴反应途径被证实是可行的。p_9 进一步被逐级氧化脱溴，分别生成二溴双酚 A（c_{10}）、一溴双酚 A（c_{11}）和双酚 A（c_{12}），反应过程中分别放热 -34.32 kcal/mol、-36.91 kcal/mol 和 -33.80 kcal/mol。随后，双酚 A 被 ·OH 氧化并断裂生成 c_3 和 c_{13}，c_{13} 被氧化生成 p_2，c_3 和 p_2 如图 3-16 描述被进一步氧化并开环矿化。

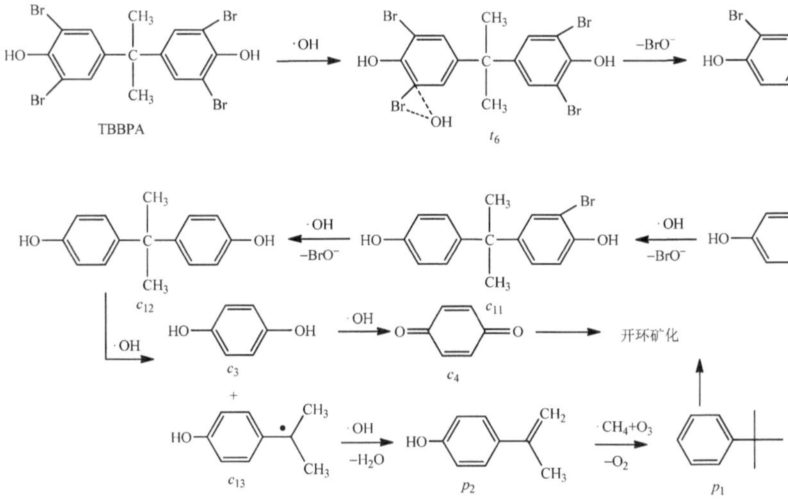

图 3-17　臭氧降解 TBBPA 的逐级氧化脱溴反应途径

表 3-4　逐级氧化脱溴反应途径中热力学数据变化情况

反应途径	ΔE/(kcal/mol)	ΔG/(kcal/mol)
TBBPA + ·OH ⟶ p_9 + BrO⁻	−34.90	−36.77
p_9 + ·OH ⟶ c_{10} + BrO⁻	−31.10	−34.32
c_{10} + ·OH ⟶ c_{11} + BrO⁻	−35.23	−36.91
c_{11} + ·OH ⟶ c_{12} + BrO⁻	−30.87	−33.80
c_{12} + ·OH ⟶ c_3 + c_{13}	−32.30	−38.50
c_3 + 2·OH ⟶ c_4 + 2H₂O	−91.08	−91.85
c_{13} + ·OH ⟶ p_2 + 2H₂O	−66.92	−65.69
p_2 + ·CH₄ + O₃ ⟶ p_1 + 2O₂	−17.27	−14.98

去质子化是臭氧降解 TBBPA 的第三种可能性反应途径，具体反应过程如 图 3-18 所示，热力学数据如表 3-5 所示。在去质子化通道中，·OH 与 TBBPA 分子结构中的 O—H 键通过氢键结合形成过渡态 t_7，经消除脱去一个 H_2O 分子后变成氧自由基中间体 t_8，此过程放热–32.44 kcal/mol；t_8 经分子振动形成等价体 t_9 并断裂生成产物 p_4 和 t_5，这个反应为吸热过程，ΔE 和 ΔG 分别为 45.11 kcal/mol 和 26.38 kcal/mol，说明去质子化过程的实现难度比前两种途径要大：p_4 经自由基中间体 t_4 生成二溴苯乙烯化合物 c_5 并放热–8.02 kcal/mol，c_5 和 t_5 的深度降解过程在反应途径一中已有描述，且已证实是可行的。

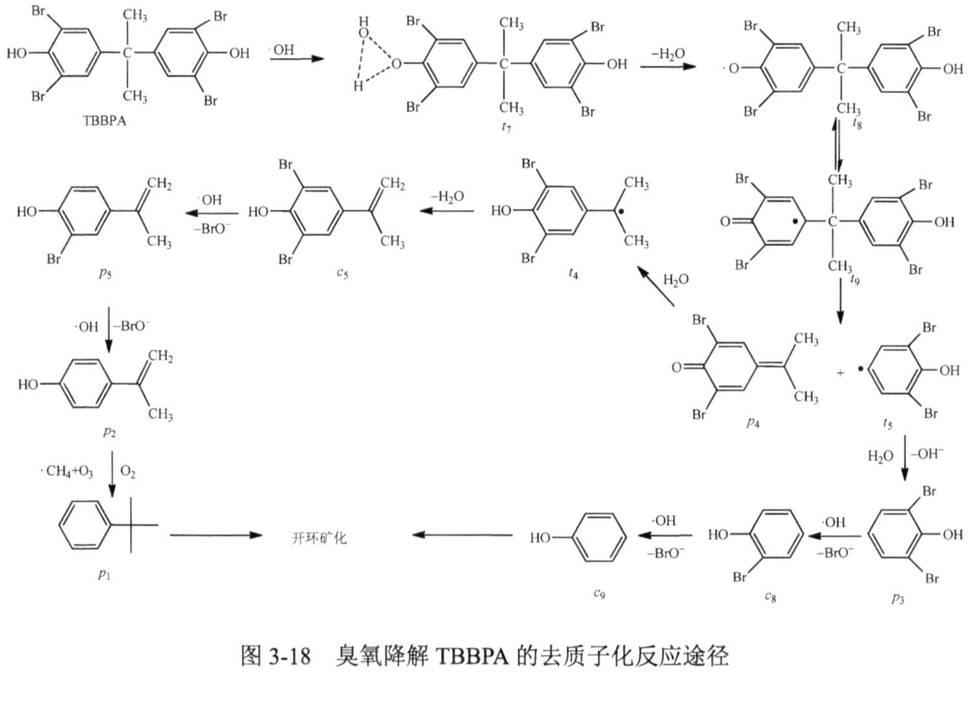

图 3-18 臭氧降解 TBBPA 的去质子化反应途径

综上所述，经氧化途径推理和量子化学计算证实可知，臭氧降解 TBBPA 的反应机理主要包括三种通道：加成和氢抽提反应通道、逐级氧化脱溴通道和去质子化通道。热力学数据分析表明，这三种通道主要包括 4 个通道，比较容易实现的是加成反应通道和逐级氧化脱溴通道，其次是氢抽提反应通道，最后是去质子化通道。

表 3-5　去质子化反应过程中热力学数据变化情况

反应途径	ΔE/(kcal/mol)	ΔG/(kcal/mol)
TBBPA + ·OH $\longrightarrow$ t_8 + H_2O	−31.47	−32.44
t_9 $\longrightarrow$ p_4 + t_5	45.11	26.38
p_4 + t_4 $\longrightarrow$ c_5	−8.79	−8.02
c_5 + ·OH $\longrightarrow$ p_5 + BrO^-	−35.16	−36.64
p_5 + ·OH $\longrightarrow$ p_2 + BrO^-	−31.26	−32.78
p_2 + ·CH_4 + O_3 $\longrightarrow$ p_1 + $2O_2$	−17.27	−14.98
t_5 + H_2O $\longrightarrow$ p_3 + OH^-	−22.92	−21.66
p_3 + ·OH $\longrightarrow$ c_8 + BrO^-	−32.10	−33.62
c_8 + ·OH $\longrightarrow$ c_9 + BrO^-	−34.48	−35.83

3.5　臭氧降解 TBBPA 过程中的毒性控制

目前针对 TBBPA 的毒性研究重点集中在其本身毒理性质方面，缺乏对 TBBPA 降解过程中的生物毒性变化情况、毒性与中间产物之间联系、毒性控制等的研究。由于 TBBPA 在降解过程中生成的中间产物种类及数量受实验条件影响很大，加上市场上化学药品购买的难度，全面地研究某个独立中间产物的毒理性质是很难实现的。因此，本节在确定了臭氧降解 TBBPA 的中间产物及降解机理的基础上，从宏观出发研究反应过程中水样的整体毒性变化情况，包括急性毒性和慢性毒性，并分析生物毒性变化与中间产物之间的联系；同时考察臭氧氧化技术对生物毒性及有毒中间产物 2,6-二溴苯酚的控制能力。

为了充分体现 TBBPA 的环境水平，本节试验将 TBBPA 的初始浓度降低为 0.15 mg/L，臭氧浓度分别选择 0.012 mg/L、0.036 mg/L 和 0.060 mg/L，其与 TBBPA 的摩尔浓度比分别为 1∶1、3∶1、5∶1；溶液初始 pH 为 7.0，温度为（25±0.5）℃，反应时间延长至 60 min，以充分考察臭氧氧化技术对毒性的控制情况。在特定的反应时间点（0 min、0.5 min、1 min、1.5 min、2 min、5 min、10 min、30 min、60 min）取样并立即用无水亚硫酸钠终止反应，经离心过滤后用于测水样的毒性。

3.5.1 急性毒性

本节考察了臭氧降解 TBBPA 过程中水样对发光细菌的急性毒性效应，结果以发光细菌的相对发光抑制率（$T\%$）和毒性当量值（TU）来表征，如图 3-19 所示。由于在臭氧降解 TBBPA 过程中水样的相对发光抑制率均未超过 50%[图 3-19（a）]，因此毒性当量值 TU 按"$T/50$"的计算方法获得，结果如图 3-19（b）所示。

如图 3-19（a）所示，在臭氧降解 TBBPA 过程中，发光细菌的相对发光抑制率随着反应时间的延长呈先升高后降低的趋势，即水样的急性毒性先升高后降低。反应开始前，0.15 mg/L 的 TBBPA 水样对应的相对发光抑制率仅为 6%，说明 TBBPA 对发光细菌具有较低的急性毒性。反应过程中急性毒性的升高与降低现象可归因于更高毒性中间产物的积累和进一步降解。从表 3-2 中可以看出，在臭氧降解 TBBPA 过程中生成了三溴双酚 A、2,6-二溴苯酚、2,6-二溴对叔丁基苯酚、2,6-二溴对-(2-叔丁醇)苯酚等多个低溴有机中间产物。毒理学数据显示，三溴双酚 A、2, 6-二溴苯酚的 LD_{50}（大鼠，口径）分别为 2000 mg/kg、282 mg/kg，远远低于 TBBPA 的 LD_{50}（3160 mg/kg），说明这些中间产物的毒性均高于 TBBPA 物质本身[77]。

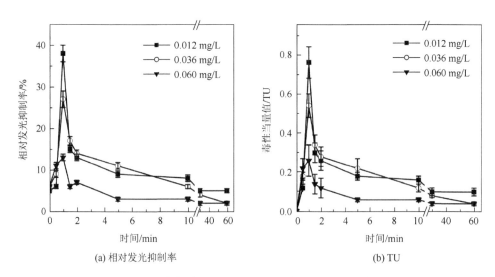

(a) 相对发光抑制率　　　　　　(b) TU

图 3-19　臭氧降解 TBBPA 过程中急性毒性变化情况

从图 3-19 还可看出，臭氧氧化技术降解 TBBPA 过程中对水样的急性毒性具有显著的控制能力，且其控制效果随着臭氧浓度的增加而增强。反应开始后，水样的急性毒性 2 min 内升高至最大值；随着反应时间延长至 60 min，水样的相对发光抑制率均逐渐降低且小于初始水样值，对应的毒性当量值均下降至 0.1 TU 以下，说明反应最后水样的急性毒性均得到良好的控制。当臭氧浓度从 0.012 mg/L 增加至 0.060 mg/L 时，其最大相对发光抑制率从 38%降低至 13%，对应的 TU 从 0.76 TU 降低至 0.26 TU。当臭氧浓度降低时，更多高毒性的中间产物产生积累且将其进一步降解的速度更慢，因此表现出更高的毒性；当臭氧浓度升高时，中间产物的积累与降解的速率均提高，在同一取样时间点的水样中可能存在更少的中间产物，则表现出较低的毒性。以上结果也说明延长反应时间、提高臭氧浓度可有效控制 TBBPA 降解过程中的急性生物毒性。

进一步利用 GC-MS/MS 峰面积对三溴双酚 A 及 2,6-二溴苯酚进行半定量分析，结果如图 3-20 所示，峰面积随着反应时间的延长均先增加后减少，间接反映了水样的毒性变化规律。臭氧氧化技术降解 TBBPA 反应开始后，TBBPA 经逐级氧化脱溴和 β 位断裂快速生成毒性更高的三溴双酚 A 和 2,6 二溴苯酚，使急性毒性急剧升高；随着这些高毒性物质被进一步降解，水样的急性毒性降低。

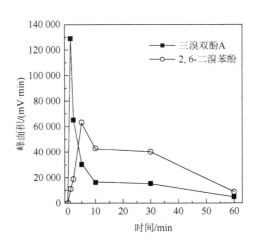

图 3-20　臭氧降解 TBBPA 的中间产物峰面积变化情况

3.5.2　慢性毒性

本节考察了臭氧降解 TBBPA 过程中水样对大型溞的 14 d 慢性毒性效应，结果以毒性当量值（TU）来表征，如图 3-21 所示。

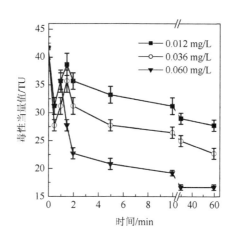

图 3-21　臭氧降解 TBBPA 过程中慢性毒性变化

从图 3-21 可以看出，臭氧降解 TBBPA 过程中水样对大型溞的慢性毒性随着反应时间的延长初期略有升高、整体呈逐渐降低的趋势，且随着臭氧浓度的增加其对慢性毒性的控制能力增强。反应开始前，0.15 mg/L 的 TBBPA 对大型溞的 14 d 慢性毒性当量值为 41.7 TU，表现出较强的慢性毒性。反应初期，毒性当量值迅速降低，但在 2 min 内又很快表现出上升的趋势，这主要是由于更高毒性的中间产物发生了积累。随着反应时间延长至 60 min，水样对大型溞的 14 d 慢性毒性当量值逐渐降低，且毒性当量值随着臭氧浓度的提高而降低。当臭氧浓度为 0.012 mg/L、0.036 mg/L 和 0.060 mg/L 时，TU 分别下降至 27.8 TU、22.7 TU 和 16.7 TU，其对慢性毒性的控制率分别达到 33.3%、45.6% 和 60.0%。虽然提高臭氧浓度对慢性毒性具有显著的控制效果，但反应前后水样的毒性当量值仍大于 15 TU，说明 TBBPA 物质本身及反应生成的中间产物对大型溞均表现出较强的慢性毒性效应。

3.5.3　有毒中间产物

由于臭氧降解 TBBPA 过程中主要中间产物为二溴类物质，且其具有更高的生物毒性，因此，有必要了解臭氧氧化技术对此类中间产物的降解能力。考虑到中间产物 2,6-二溴苯酚在市场上易购买、标曲易建立且毒性高，本节以 2,6-二溴苯酚为例，考察臭氧氧化技术对 TBBPA 有毒中间产物的深度降解及毒性控制效果。主要试验条件：2,6-二溴苯酚初始浓度为 0.1 mg/L，臭氧投加浓度分别为 0.02 mg/L、0.20 mg/L、0.40 mg/L、1.00 mg/L、2.00 mg/L（臭氧与 2,6-二溴苯酚的摩尔浓度比分别为 1∶10、1∶1、2∶1、5∶1、10∶1），溶液初始 pH 为 7.0，温度为（25±0.5）℃，反应在 30 min 时取样，水样经预处理后利用气相色谱仪检测 2,6-二溴苯酚剩余浓度，同时利用离子色谱仪检测反应过程中生成的游离溴离子和副产物溴酸盐含量，结果如图 3-22（a）所示；延长反应时间至 60 min，并在一定时间点取样并预处理，利用发光细菌表征反应过程中毒性变化情况，结果如图 3-22（b）所示。

如图 3-22（a）所示，臭氧氧化技术对 TBBPA 有毒中间产物 2,6-二溴苯酚具有较好的降解效果和脱溴水平。当臭氧与 2,6-二溴苯酚的摩尔浓度比为 1∶10 时，经 30 min 接触反应，2,6-二溴苯酚的降解率已达到 62.6%，而脱溴率仅为 20.3%，脱溴率与降解率之间存在较大的差距，主要原因可能是臭氧优先攻击 2,6-二溴苯酚分子结构中的 C—O 键。随着臭氧与 2,6-二溴苯酚的摩尔浓度比提高，2,6-二溴苯酚的降解率及脱溴率也随之增加。当摩尔浓度比升高至 5∶1 时，2,6-二溴苯酚的降解率及脱溴率分别达到 98.1% 和 96.5%，脱溴率与 2,6-二溴苯酚降解率之间的差距逐渐减小；当摩尔浓度比达到 10∶1 时，2,6-二溴苯酚被完全去除且脱溴率也达到 100%，但此时存在溴酸盐生成风险，溴酸盐生成浓度高达 31.3 μg/L。

如图 3-22（b）所示，臭氧氧化技术对 2,6-二溴苯酚具有较强的毒性控制能力，且随着臭氧浓度的增加其控制效果增强。虽然反应初期水样对发光细菌的毒性急剧升高，但随着反应时间的延长，水样的毒性逐渐降低，且反应 60 min 后水样的毒性均低于初始毒性。当臭氧浓度为 1.00 mg/L 时，仅需反应 30 min，臭氧氧化技术即可完全控制 2,6-二溴苯酚的毒性；当臭氧浓度增加至 2.00 mg/L 时，臭氧氧化技术完全控制毒性所需反应时间缩短至 10 min。

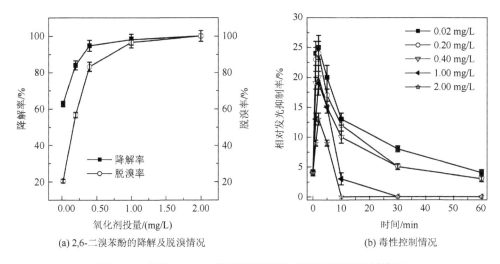

(a) 2,6-二溴苯酚的降解及脱溴情况

(b) 毒性控制情况

图 3-22　臭氧对 2,6-二溴苯酚的降解、脱溴及毒性控制情况

综上所述，臭氧氧化技术对降解 TBBPA 反应过程中产生的急性毒性、慢性毒性及有毒中间产物均能够有效控制。

3.6　本 章 小 结

本章主要对臭氧氧化技术降解 TBBPA 进行了系统研究，分析了各影响因素对臭氧降解 TBBPA 的效能（如臭氧浓度、溶液初始 pH、温度、TBBPA 初始浓度、水中共存物质等）；探讨了臭氧降解 TBBPA 过程中的无机中间产物（即脱溴水平和溴酸盐生成水平）、有机中间产物生成情况及 TBBPA 矿化情况；在此基础上提出了臭氧降解 TBBPA 的反应途径，并利用量子化学计算从理论上分析并揭示了反应机理；并对 TBBPA 降解过程中的毒性进行控制（包括急性毒性、慢性毒性和有毒中间产物）。本章获得的主要结论如下。

（1）臭氧氧化技术可快速、高效地降解 TBBPA，当臭氧浓度仅为 2.00 mg/L 时，仅需 2 min 即可完全降解 TBBPA（1.0 mg/L）。溶液初始 pH、温度及 TBBPA 初始浓度的升高不利于 TBBPA 降解率的提高。Cu^{2+} 和 Fe^{3+} 的催化作用、PO_4^{3-} 的正原盐效应有利于臭氧对 TBBPA 的降解；HCO_3^- 的 ·OH 捕获作用、NH_4^+ 和 NOM 的还原特性不利于臭氧对 TBBPA 的降解。

（2）臭氧氧化技术对 TBBPA 具有较高的脱溴水平，接触反应 30 min 其脱溴率保持在 65% 以上；脱溴率随反应时间的延长呈先升高后降低的变化规律。但相对于 TBBPA 的快速降解，脱溴反应存在一定的滞后性，且较高的脱溴水平导致溴酸盐生成风险更高。臭氧浓度、溶液初始 pH 的增加及温度的适当提高可提高脱溴水平，但同时也增加了溴酸盐生成风险。

（3）臭氧氧化技术降解 TBBPA 过程中的有机中间产物以低溴类有机物为主，其矿化度随着臭氧浓度的增加而逐渐提高。反应机理分析表明，臭氧降解 TBBPA 的反应途径主要包括加成和氢抽提反应通道、逐级氧化脱溴通道和去质子化通道。

（4）臭氧氧化技术能显著控制 TBBPA 降解过程中的毒性，包括急性毒性、慢性毒性和有毒中间产物；且延长反应时间和提高臭氧浓度有利于对毒性的控制效果。反应初期更高毒性中间产物的积累导致了生物毒性的升高，最终急性毒性可被控制到 0.1 TU 以下，慢性毒性控制率高达 60.0%，有毒中间产物 2,6-二溴苯酚可被彻底降解且毒性被完全控制。

第4章 高铁酸盐氧化工艺降解四溴双酚A的效能与机理

通过总结分析臭氧氧化技术降解 TBBPA 可知,臭氧氧化技术在降解 TBBPA 过程中具有高效降解、高脱溴水平的优点;然而,单独的臭氧氧化技术还存在许多弊端,如具有遗传毒物无机溴酸盐生成风险、有毒有机中间产物生成风险等。因此,本章进一步探索降解 TBBPA 的高铁酸盐氧化工艺,拟解决臭氧氧化技术降解 TBBPA 过程中存在的问题。

高铁酸盐是一种新型、高效、环保型水处理剂,其本身不产生溴酸盐,且其与臭氧联用可控制溴酸盐的生成量;高铁酸盐的还原中间产物对臭氧氧化反应具有催化作用[5]。近年来,高铁酸盐已被广泛证明能够高效去除各种新兴的难降解有机污染物,其在反应过程中的还原产物是无毒害的三价铁,同时,三价铁具有絮凝特性,可促进金属、病毒及有机污染物的进一步去除。另外,高铁酸盐氧化工艺能够避免在氯化和臭氧氧化过程中产生的有毒副产物,如 DBPs、溴酸盐等[116-117]。因此,利用高铁酸盐氧化工艺处理 TBBPA,不仅可高效降解 TBBPA,还可解决臭氧氧化技术的溴酸盐问题,有必要进行系统研究。

目前将高铁酸盐氧化工艺应用于降解 TBBPA 的研究非常缺乏,为了充分掌握高铁酸盐对 TBBPA 的降解规律,首先,本章从反应动力学着手,确定高铁酸盐与 TBBPA 之间的反应级数;其次,研究各种条件对高铁酸盐降解 TBBPA 的影响,包括氧化剂浓度、温度、TBBPA 初始浓度及水中共存物质等,总结高铁酸盐降解 TBBPA 的规律;再次,分析高铁酸盐降解 TBBPA 过程中的脱溴水平,检测并确定有机中间产物,结合量子化学计算,对降解机理进行分析;最后,对反应过程中的毒性进行控制,包括急性毒性、慢性毒性的控制和有毒中间产物的降解及其毒性控制。

在充分研究高铁酸盐氧化工艺降解 TBBPA 的基础上,本章进一步将臭氧和高铁酸盐两个单独氧化工艺进行对比，在相同反应条件下分别从 TBBPA 降解效能、脱溴水平及溴酸盐生成风险、生物毒性三方面进行分析，总结两个单独氧化工艺的优缺点。

4.1　高铁酸盐特性及污染物去除研究现状

4.1.1　高铁酸盐的物化特性

1702 年，德国化学家 Georg Stahl 首次发现高铁酸钾。目前针对高铁酸盐的制备工艺主要包括熔融法、电解法和次氯酸盐氧化法；其中，次氯酸盐氧化法工艺流程清晰，其最佳制备条件也较易获得，因此容易实现高铁酸盐的产业化[118]。

高铁酸盐一般为深紫色固体，溶液具有特定紫色，其特征吸收峰为 510 nm，相应的摩尔吸光系数为 1030 L/(mol·cm)。高铁酸盐中最重要的化合物为高铁酸钾，极易溶于水，熔点为 198℃，其在常温和干燥环境下很稳定，但在水溶液中易发生自分解，释放出氧气，并伴随着氢氧化铁沉淀生成。高铁酸盐在溶液中的稳定性受各种因素的影响，其中主要包括溶液的 pH、温度、高铁酸盐纯度及初始浓度、溶液中共存的其他离子等[119]。

高铁酸盐是一种正交晶系的六价铁化合物，其与 K_2SO_4、K_2CrO_4 和 K_2MnO_4 具有相同的晶型。高铁酸根分子结构中位于中心的是 Fe 原子，4 个位于顶角的等价氧原子通过共价键与中心的正 6 价 Fe 原子相连，呈现出略扭曲的四面体结构，如图 4-1 所示。高铁酸盐特殊的分子结构决定了它的强氧化性，其标准电极电位在酸性条件下为 2.20 V，碱性条件下为 0.70 V，其氧化能力比高锰酸钾、臭氧、次氯酸盐等还要强。

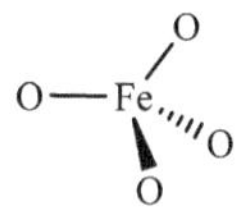

图 4-1　高铁酸根分子结构

4.1.2　高铁酸盐氧化工艺除污和应用现状

高铁酸盐是一种比臭氧更强的氧化剂，它不仅能快速杀灭水中的细菌、病毒和藻类，还可以去除水中的有机物、无机物和重金属离子，起到氧化、消毒、脱色、除臭、絮凝作用，同时，无臭氧、氯化等消毒副产物生成风险，是一种新型、高效、环保型水处理剂[120-122]。

1. 去除微生物

高铁酸盐对各种细菌、病毒（如大肠杆菌、白色念珠菌、枯草杆菌、金黄色葡萄球菌、f 2 病毒等）均有良好的灭活作用，另外，高铁酸盐的除藻效果也是非常显著的，少量的高铁酸盐即可达到良好的微生物处理效果[121]。Gombos 等对比研究了高铁酸盐与消毒剂氯气对市政二级处理出水中固有细菌群落的灭活效果，结果表明，仅需 5 mg/L 的高铁酸盐即可灭活耐氯气细菌[123]。Jiang 等对比研究高铁酸盐和次氯酸钠灭活大肠杆菌，结果表明，当 pH 为 5.5 时，达到 100%的大肠杆菌灭活率需要 10 mg/L 的次氯酸钠（以 Cl_2 计），而高铁酸盐仅需 4 mg/L（以 Fe 计）；当 pH 为 7.5 时，次氯酸钠不能完全灭活大肠杆菌，而仅需 6 mg/L 的高铁酸盐即可达到完全杀菌效果[124]。

2. 去除无机和有机污染物

高铁酸盐可将许多具有还原性的无机污染物氧化去除，如氰化物（CN^-、SCN^-）、卤化物（Br^-、I^-）、含氮化合物（$NH_3\text{-}N$、NO_2^-）、含硫化合物（H_2S、SO_3^{2-}）、金属离子（Mn^{2+}、Cu^{2+}、Pb^{2+}、Cr^{3+}、Cd^{2+}、Hg^{2+}）等[116,125]。结果表明，高铁酸盐可将氰化物氧化成 NCO^-、I^-氧化成 IO^-、含氮/硫化合物氧化成硝酸盐/硫酸盐，但对 Br^-反应活性低，不生成溴酸盐；同时高铁酸盐还原产物 Fe^{3+} 或 $Fe(OH)_3$ 良好的絮凝作用，可有效去除无机污染物特别是金属离子。

高铁酸盐对各类有机污染物均有良好的去除效果，包括酚类、醇类、有机酸、有机氮/硫化物、有机农药等传统有机污染物和抗生素、个人护理品、内分泌干扰物（EDCs）等新兴的有机污染物。Graham 等研究表明，在较宽 pH 范围内（5.8～11.0）高铁酸盐均能高效降解苯酚和三种氯酚（4-氯酚、2,4-二氯苯酚、2,4,6-三氯苯酚）[126]。Sharma 等研究发现当氧化剂投量为 10 mg/L 时，高铁酸盐氧化工艺可在毫秒到秒范围内将多种含硫有机物完全去除[127]。Anquandah 等研究表明高铁酸盐在较宽 pH 范围（5.0～9.0）内均能有效降解抗生素甲氧苄啶（TMP），抗菌活性试验结果表明当TMP 被彻底去除时，其对大肠杆菌不存在抗菌活性[128]。Yang 等研究表明当高铁酸盐与个人护理品三氯生的摩尔浓度比为 10∶1 时，能将其完全降解[129]。高铁酸盐对内分泌干扰物也具有良好的处理效果[130]。Jiang 等研究了高铁酸盐对多种 EDCs（如双酚 A、雌激素酮、17β-雌二醇）的处理效果，结果表明，其不仅可将 EDCs 降解到很低的浓度（10～100 ng/L），对COD 的去除效能也很显著[88]。

高铁酸盐对有机污染物的良好去除效果已得到大量学者证实，而对四溴双酚 A 的去除鲜少报道。

3. 处理实际废水

由于高铁酸盐具有氧化、杀菌、消毒、絮凝吸附等多重功能，是高效的水处理剂，目前已有许多关于高铁酸盐对实际废水处理的研究，包括市政污水、印染废水、电镀废水等，效果显著。Jiang 等通过在线工艺制备高铁酸盐处理市政污水，长期研究表明高铁酸盐以较低的投量（以 Fe^{6+} 计，0.005～0.04 mg/L）即能有效去除悬浮固体（SS）、磷酸盐、COD 和 BOD，其用量是常规絮凝剂硫酸铁（以 Fe^{3+} 计，其投量约为 25～50 mg/L）的1%[131]。高铁酸盐对印染废水中的染料具有很好的脱色作用，Ciabatti 等将其应用于工业印染废水处理中,研究表明高铁酸盐同时对浊度、TSS 和 COD有很好的去除效果，对印染废水的回用具有很好的前景[132]。另外，我国学者王文国等利用高铁酸盐氧化处理某厂络合铜（EDTA-Cu）废水，当废水pH 为 14,高铁酸盐投量为 300 mg/L 时，反应 30 min,Cu^{2+}去除率达 99.1%,满足国家一级排放标准[133]。

4.1.3　高铁酸盐氧化工艺存在问题及解决方法

高铁酸盐对微生物、无机污染物、有机污染物及实际废水均有良好的处理效果，但高铁酸盐氧化工艺还不能充分得到应用，主要问题如下。

（1）高铁酸盐制备成本较高，且在水中稳定性较差，易分解。

（2）高铁酸盐具有很强的选择性，对不同污染物的氧化降解速率不同，且 pH 较低时自分解速率快，氧化作用时间短。

为了弥补这些缺点，有必要研究和发展高铁酸盐联用工艺，通过协同作用，提高对污染物的去除效能，降低成本。目前，已有相关报道将高铁酸盐进行改性[134]或将其与常规絮凝剂（如铁盐、铝盐）[135]、吸附剂（沸石、改性粉煤灰、活性炭等）[136]、氧化剂（如次氯酸盐[137]、过氧化氢[138]、臭氧[139]）及光催化氧化[140]等进行联用的研究。其中，高铁酸盐与臭氧联用在灭菌方面具有协同作用，可提高氧化效率。研究表明，灭活 99%的肠杆菌素需要臭氧投量为 2 mg/L，但经 5 mg/L 高铁酸盐预氧化后，仅需与 1 mg/L 臭氧联用即可取得 99.9%的灭菌率[139]。分析原因可知，高铁酸盐在氧化还原反应过程中的还原中间产物[如 $FeO_x \cdot (OH)_{3-2x}$、$Fe_2O_3 \cdot xH_2O$、$Fe(H_2O)_6^{3+}$等]可催化臭氧生成更多的·OH，从而增强臭氧间接氧化反应，该理论也说明高铁酸盐与臭氧联用具有可行性[5]。另外，发展该联用工艺不需另外增加基建设施，不会增加现有臭氧氧化技术的经济运行成本，因此，具有显著的应用前景。但目前针对该联用工艺的除污研究鲜有报道，本书后文将高铁酸盐与臭氧进行联用去除目标污染物 TBBPA，考察联用工艺效能及生物毒性和臭氧氧化副产物溴酸盐的控制效果。

4.2　试验材料及方法

4.2.1　高铁酸钾溶液制备

首先，分别称取 1.79 g Na_2HPO_4 和 0.38 g $Na_2B_4O_7 \cdot 9H_2O$ 固体粉末，用去离子水将其溶解并定容至 1 L，配制 Na_2HPO_4(0.005 mol/L)/$Na_2B_4O_7 \cdot 9H_2O$ (0.001 mol/L)缓冲溶液，此时 pH 为 9.1。

然后，称取 0.025 g 高铁酸钾固体粉末，将其溶解于 Na_2HPO_4(0.005 mol/L)/$Na_2B_4O_7 \cdot 9H_2O$(0.001 mol/L) 缓冲溶液并定容至 250 mL，配制成浓度为 100 mg/L 的高铁酸钾溶液，该溶液需现配现用，并在配制后 30 min 内尽快使用。

4.2.2　高铁酸钾浓度的检测

采用 ABTS 法[141]，其原理是高铁酸钾可与 ABTS 快速反应生成一种稳定的绿色自由基 ABTS·+，其在 415 nm 波长处具有特定的吸收，且吸光度的增加与高铁酸钾浓度的增加呈线性关系。具体检测步骤：将 5 mL 醋酸盐(0.6 mol/L)/磷酸盐(0.2 mol/L)缓冲溶液（pH = 4.2）加入到 25 mL 容量瓶中，再加入 1 mL 的 ABTS 溶液（1.82 mmol/L），最后加入高铁酸钾溶液，并定容至 25 mL，充分混合反应后取适量溶液在 415 nm 波长下进行测定，并进行空白校正。高铁酸钾浓度可通过朗伯-比尔定律在 415 nm 波长下的吸光度进行计算

$$Fe^{4+}{}_{sample} = \frac{\Delta A_l^{415} V_{final}}{\varepsilon l V_{sample}}\tag{4-1}$$

式中，ΔA_l^{415}——经过空白校正的 415 nm 波长处的吸光度，L/(g·cm)；

　　　V_{sample}——高铁酸钾样品初始体积，mL；

　　　V_{final}——定容后的体积（25 mL），mL；

　　　ε——摩尔吸光系数，取（3.4±0.05）×10^4 L/(mol·cm)；

　　　l——比色皿光程，cm。

4.3　高铁酸钾与 TBBPA 的反应动力学研究

研究表明，高铁酸盐与许多有机物之间的反应动力学均符合二级表观反应动力学模型，二级表观反应动力学常数 k_{app} 的范围为 $10^{-2}\sim10^5$ M^{-1}s^{-1}[142]。例如，高铁酸盐与 EDCs（如 17α-炔雌醇、17β-雌二醇、双酚 A）在 pH 为 6～11 之间均表现为二级表观反应动力学，且 pH 为 7 时的 k_{app} 为 $6.4\times10^2\sim7.2\times10^2$ M^{-1}s^{-1}[130]；高铁酸盐与青霉素类物质（如阿莫西林、氨苄青霉素、邻氯青霉素、青霉素 G 等）在 pH 为 7 时的 k_{app} 为 110～770 M^{-1}s^{-1}[143]；高铁酸盐与微囊藻毒素之间的二级表观反应动力学常数 k_{app} 在 pH 为 7.5～10 之间的范围为 $1.3\times10^2\sim8.1\times10^2$ M^{-1}s^{-1}[144]。

本节考察了高铁酸盐与 TBBPA 的二级表观反应动力学，其计算公式

如 式 （4-2）、式 （4-3） 所 示。 试验控制高铁酸盐的浓度过量
（[TBBPA]$_0$ = 1.0 mg/L；[Fe^{4+}]$_0$ = 5.0 mg/L），在不同溶液初始 pH（5.5～
10.5）下进行反应，温度（25±0.5）℃。反应以投加一定体积的高铁酸
盐母液并连续搅拌开始计时，在一定的反应时间点（0、15 s、30 s、60 s、
90 s、120 s、150 s、3 min、5 min、10 min、20 min）取水样 15 mL，其
中，5 mL 水样立即用 10 μL 0.18 mol/L 的盐酸羟胺终止反应，经离心后
测剩余 TBBPA 浓度；10 mL 水样用于测反应体系中残余高铁酸盐浓度。
二级表观反应动力学常数 k_{app} 是通过拟合 TBBPA 剩余浓度的自然对数
[ln([TBBPA]$_t$/[TBBPA]$_0$)]与高铁酸盐的暴露量（$\int_0^t$[Fe^{4+}]dt）计算得到。结
果如 图 4-2 所示，其中，图 4-2（a）是不同溶液初始 pH 条件下高铁酸
盐对 TBBPA 的降解效能；图 4-2（b）是二级表观反应动力学常数 k_{app} 的
拟合结果。

$$-d[TBBPA]/dt = k_{app}[Fe^{4+}][TBBPA] \qquad (4-2)$$

$$\ln([TBBPA]_t/[TBBPA]_0) = -k_{app}\int_0^t[Fe^{4+}]dt \qquad (4-3)$$

式中，[TBBPA]$_0$——初始 TBBPA 的浓度，mol/L；

　　　[TBBPA]$_t$——反应时间 t 时 TBBPA 的浓度，mol/L；

　　　k_{app}——二级表观反应动力学常数，M^{-1}s^{-1}。

从图 4-2 可以看出，高铁酸盐与 TBBPA 之间是一个快速的反应过程，
反应在 5 min 内即可达到稳定；在不同溶液初始 pH 下高铁酸盐对 TBBPA
均具有明显的反应活性。如图 4-2（a）所示，随着溶液初始 pH 的升高，
高铁酸盐对 TBBPA 的降解效能逐渐减弱。当溶液初始 pH 为 5.5～8.5 时，
经 5 min 接触反应，高铁酸盐均能快速将 TBBPA 完全降解；但超出这一范
围，随着 pH 升高，完全降解 TBBPA 所需的接触反应时间逐渐延长。pH
继续升高，TBBPA 降解率下降，当 pH 升高至 10.5 时，TBBPA 的降解率
减少至 66.1%。

通过拟合发现，高铁酸盐与 TBBPA 之间的反应很好地遵循二级表观
反应动力学模型，二级表观反应动力学常数 k_{app} 随着 pH 的升高而明显降

低，如图 4-2（b）所示。通过计算可得到不同溶液初始 pH 与 TBBPA 降解的二级表观反应动力学常数之间的关系，如表 4-1 所示，二级表观反应动力学常数 k_{app} 对 pH 具有较大的依赖性，当溶液初始 pH 从 5.5 升高至 10.5 时，相应的 k_{app} 从 $4.5 \times 10^4 \, \text{M}^{-1}\text{s}^{-1}$ 减少至 $0.9 \times 10^3 \, \text{M}^{-1}\text{s}^{-1}$。这是由高铁酸盐和 TBBPA 在不同 pH 条件下不同组分之间的物种特异性反应引起的[130,145]。如图 4-3 所示，在全 pH 范围内的溶液中，高铁酸盐是三元酸（$H_3FeO_4^+ = H_2FeO_4 + H^+$，$pK_{a1} = 1.6$；$H_2FeO_4 = HFeO_4^- + H^+$，$pK_{a2} = 3.5$；$HFeO_4^- = FeO_4^{2-} + H^+$，$pK_{a3} = 7.23$），TBBPA 是二元酸（$pK_{a1} = 7.5$，$pK_{a2} = 8.5$），不同 pH 时高铁酸盐与 TBBPA 的主要组分及其比例不同，从而体系中的主要反应也发生变化。

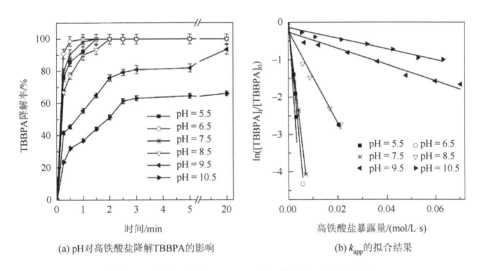

(a) pH对高铁酸盐降解TBBPA的影响　　　　(b) k_{app}的拟合结果

图 4-2　高铁酸盐与 TBBPA 之间的反应动力学研究

表 4-1　不同溶液初始 pH 对 TBBPA 降解的二级表观反应动力学参数

溶液初始 pH	k_{app}/(M⁻¹s⁻¹)	相关系数 R^2
5.5	4.5×10^4	0.96
6.5	4.3×10^4	0.98
7.5	3.4×10^4	0.99
8.5	7.5×10^3	0.96
9.5	1.3×10^3	0.94
10.5	0.9×10^3	0.95

从图 4-3 可以看出，当 pH 为 3.5～7.23，高铁酸盐的主要组分是单质子酸 $HFeO_4^-$；当 pH＞7.23 时，$HFeO_4^-$ 所占比例逐渐减少，而高铁酸盐的主要组分为脱质子酸 FeO_4^{2-}；而 $H_3FeO_4^+$ 和 H_2FeO_4 因其所属 pH 过低，不在本节的研究范围内。因此，在本节所考察的 pH 范围内，高铁酸盐的主要组分为 $HFeO_4^-$ 和 FeO_4^{2-}。研究表明，由于单质子酸 $HFeO_4^-$ 在羰基配体具有较大的自旋密度，其氧化能力是脱质子酸 FeO_4^{2-} 的 3～5 倍[128,145]。Cho 等研究高铁酸盐灭活大肠杆菌二级表观反应动力学常数表明，当 pH 从 8.2 降低至 5.6 时，高铁酸盐质子化形式 $HFeO_4^-$ 和 H_2FeO_4 对大肠杆菌的灭活效果分别是 FeO_4^{2-} 的 3 倍和 2.65 倍[147]。因此，$HFeO_4^-$ 与 TBBPA 之间的反应对整个反应具有重要的贡献，可以认为是高铁酸盐与 TBBPA 之间最主要的反应。而当溶液 pH 从 5 升高至 10 时，单质子酸 $HFeO_4^-$ 在体系中的比例逐渐减少，从而造成与 TBBPA 反应的反应速率和降解效果均下降 [图 4-2（a）和（b）]。

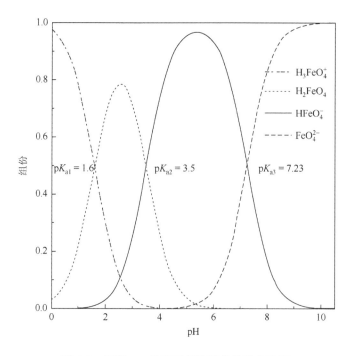

图 4-3　不同 pH 条件下高铁酸盐的组分比例

根据高铁酸盐和 TBBPA 在不同 pH 条件下具有不同的主要组分，二级表观反应动力学常数 k_{app} 也可通过式（4-4）进行定量建模而计算。

$$k_{app}[\text{Fe}^{4+}]_{tot}[\text{TBBPA}]_{tot} = \sum_{\substack{i=1,2,3,4 \\ j=1,2,3}} k_{ij}\alpha_i\beta_j[\text{Fe}^{4+}]_{tot}[\text{TBBPA}]_{tot} \quad\quad (4\text{-}4)$$

式 中， $[\text{Fe}^{4+}]_{tot}$——高铁酸盐组分的浓度之和，即 $[\text{Fe}^{4+}]_{tot} =$
$[\text{H}_3\text{FeO}_4^+] + [\text{H}_2\text{FeO}_4] + [\text{HFeO}_4^-] + [\text{FeO}_4^{2-}]$，mol/L；

$[\text{TBBPA}]_{tot}$——TBBPA 组分的浓度之和，即 $[\text{TBBPA}]_{tot} = [\text{TBBPA}] +$
$[\text{TBBPA}^-] + [\text{TBBPA}^{2-}]$，mol/L；

i, j——分别代表高铁酸盐的四个组分和 TBBPA 的三个组分；

α_i, β_j——分别代表高铁酸盐和 TBBPA 各组分的分布系数；

k_{ij}——高铁酸盐 i 组分与 TBBPA j 组分的二级表观反应动力学常数，$\text{M}^{-1}\text{s}^{-1}$。

由于在本节 pH 考察范围内高铁酸盐的主要组分之一为单质子酸 HFeO_4^-，从而二级表观反应动力学常数 k_{app} 的计算公式（4-4）可以进一步简化为式（4-5）

$$k_{app} = k_{31}\alpha_3\beta_1 + k_{32}\alpha_3\beta_2 + k_{33}\alpha_3\beta_3 \quad\quad (4\text{-}5)$$

式中，k_{ij} 是利用 Microsoft Excel 2007 软件对试验所得 k_{app} 进行非线性最小二乘回归所得，通过计算得到 k_{31}、k_{32}、k_{33} 的值分别为 $4.4\times10^4\,\text{M}^{-1}\text{s}^{-1}$、$1.4\times10^5\,\text{M}^{-1}\text{s}^{-1}$、$1.6\times10^5\,\text{M}^{-1}\text{s}^{-1}$。结果表明，$\text{HFeO}_4^-$ 与解离的 TBBPA 二级表观反应动力学常数（k_{32} 和 k_{33}）远远大于其与未解离的 TBBPA 二级表观反应动力学常数（k_{31}）。这个规律在前人研究高铁酸盐与酚类的反应过程中也有证实，分析原因可知，这可能是由 TBBPA 解离后的羟基基团具有更高的反应活性造成的[130]。将计算得到的 k_{31}、k_{32}、k_{33} 代回到计算模型中得到模拟的二级表观反应动力学常数 k_{app}，并将其与试验所得的 k_{app} 进行对比，结果如图 4-4 所示，两者之间具有良好的相关性（$R^2 = 0.99$）且均受 pH 影响较大，随着溶液 pH 的升高，高铁酸盐与 TBBPA 之间的二级表观反应动力学常数从 $10^4\,\text{M}^{-1}\text{s}^{-1}$ 下降至 $10^2\,\text{M}^{-1}\text{s}^{-1}$。

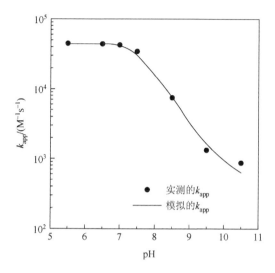

图 4-4　不同溶液初始 pH 条件下实测的 k_{app} 和模拟的 k_{app}

4.4　高铁酸盐氧化工艺降解 TBBPA 的影响因素研究

高铁酸盐对 TBBPA 的降解除了受溶液初始 pH 影响较大外，其氧化剂浓度、温度、TBBPA 初始浓度及水中共存物质等因素对高铁酸盐降解 TBBPA 的反应也有明显地影响。因此，本节在确定了高铁酸盐与 TBBPA 的反应动力学基础上，进一步探索不同条件下高铁酸盐对 TBBPA 的降解效果，总结降解规律。

4.4.1　高铁酸盐浓度对降解 TBBPA 的影响

本节主要考察了不同高铁酸盐浓度对 TBBPA 的降解影响，试验条件：高铁酸盐的投加浓度范围为 0.1～5.0 mg/L，TBBPA 浓度为 1.0 mg/L，溶液初始 pH 为 7.0，温度为（25±0.5）℃，结果如图 4-5 所示。

从图 4-5 可以看出，高铁酸盐对 TBBPA 具有较好的降解效果，TBBPA 的降解率随高铁酸盐浓度的升高而增加。当高铁酸盐的投加浓度仅为 0.1 mg/L 时，经 30 min 接触反应，TBBPA 的降解率达到 58.23%；当高铁酸盐的浓度增加至 1.0 mg/L 时，TBBPA 的降解率逐渐增加至 94.05%；而当高铁酸盐的浓度继续增加至 5.0 mg/L 时，TBBPA 最终被完全脱除。高铁酸盐投加浓度的增加，使得溶液中高铁酸盐主要组分（单质子酸 $HFeO_4^-$）的浓度增加，从而增加了与目标污染物 TBBPA 的有效碰撞频率，因此，TBBPA 的降解率逐渐增加。

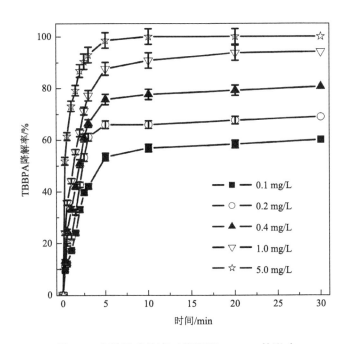

图 4-5　高铁酸盐浓度对其降解 TBBPA 的影响

　　进一步考察高铁酸盐浓度对反应速率的影响，用假一级反应动力学模型进行拟合，结果如图 4-6 所示，$\ln([\text{TBBPA}]_t/[\text{TBBPA}]_0)$ 与时间具有较好的反比例线性关系。随着高铁酸盐投加浓度的逐渐增加，假一级反应速率常数 k_{obs}（即拟合曲线的斜率）逐渐变大。

　　通过计算可得高铁酸盐浓度与假一级反应速率常数 k_{obs} 之间的关系，如表 4-2 所示。随着高铁酸盐的投加浓度从 0.1 mg/L 逐渐增加至 5.0 mg/L，假一级反应速率常数 k_{obs} 从 $2.8×10^{-3}$ s^{-1} 增加至 $1.5×10^{-2}$ s^{-1}。计算相应的高铁酸盐降解 TBBPA 的半衰期（$t_{1/2}$）可知其从 357 s 降低至 66.7 s，与臭氧降解 TBBPA 的半衰期相近（23.8～333.3 s），远远低于光降解 TBBPA 的半衰期（pH 为 7.1 时其反应半衰期高达 30 min）[58]，表明了高铁酸盐在降解 TBBPA 方面具有良好的前景。

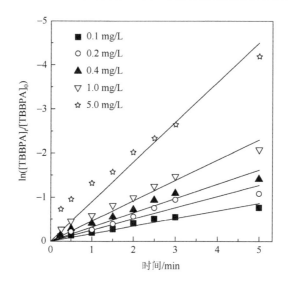

图 4-6　不同高铁酸盐浓度下 TBBPA 降解动力学拟合图

表 4-2　不同高铁盐浓度下 TBBPA 降解的假一级反应动力学参数

高铁酸盐浓度/(mg/L)	k_{obs}/s^{-1}	相关系数 R^2
0.1	2.8×10^{-3}	0.98
0.2	4.2×10^{-3}	0.97
0.4	5.5×10^{-3}	0.98
1.0	7.7×10^{-3}	0.98
5.0	1.5×10^{-2}	0.98

4.4.2　温度对高铁酸盐降解 TBBPA 的影响

本节主要考察了不同温度下高铁酸盐对 TBBPA 的降解效果，试验条件：高铁酸盐的投加浓度为 5.0 mg/L，TBBPA 浓度为 1.0 mg/L，溶液初始 pH 为 7.0，温度考察范围为 10～50℃，结果如图 4-7 所示。

如图 4-7 所示，高铁酸盐对 TBBPA 的降解率随着温度的升高呈先增加后降低的趋势。当温度从 10℃逐渐升高至 30℃时，经 30 min 接触反应 TBBPA 的降解率从 82.8% 逐渐增加至 98.6%；但当温度继续增加至 50℃时，高铁酸盐对 TBBPA 的降解效果稍微变差，降解率逐渐降低至 94.2%。

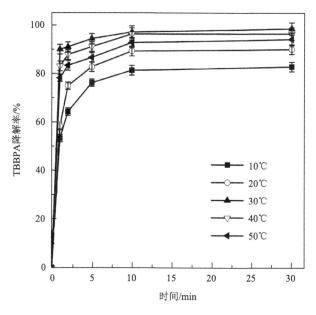

图 4-7　温度对高铁酸盐降解 TBBPA 的影响

对高铁酸盐与 TBBPA 的假一级反应动力学进行拟合发现，其假一级反应速率常数 k_{obs} 随着温度的升高也呈先升高后降低的趋势，如图 4-8 所示。

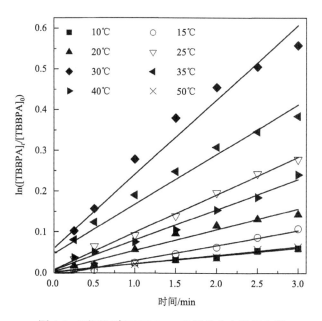

图 4-8　不同温度下 TBBPA 降解的动力学拟合图

通过计算可知，如表 4-3 所示，当温度从 10℃逐渐升高至 30℃时，相应的 k_{obs} 从 $3.3\times10^{-4}\text{ s}^{-1}$ 增加至 $3.1\times10^{-3}\text{ s}^{-1}$；当温度继续增加至 50℃时，相应的 k_{obs} 逐渐低至 $3.5\times10^{-4}\text{ s}^{-1}$。

表 4-3　不同温度下 TBBPA 降解的假一级动力学参数

温度/℃	k_{obs}/s^{-1}	相关系数 R^2
10	3.3×10^{-4}	0.98
15	6.1×10^{-4}	0.99
20	8.5×10^{-4}	0.97
25	1.54×10^{-3}	0.99
30	3.1×10^{-3}	0.96
35	2.0×10^{-3}	0.97
40	1.3×10^{-3}	0.99
50	3.5×10^{-4}	0.99

　　分析原因可知，温度较低时，反应体系的黏滞系数较大，高铁酸盐与 TBBPA 的活性均较小，两者之间的有效碰撞频率较低，因此对 TBBPA 的降解效率较差，k_{app} 也较低。温度的升高可减小水体的黏滞系数，从而增加高铁酸盐与 TBBPA 之间的接触机会，有效碰撞频率增大，对 TBBPA 的降解具有一定的促进作用，使得 k_{app} 增大。但在高铁酸盐氧化反应中，由于投加的高铁酸盐初始浓度固定，反应体系中的剩余浓度随着反应的进行逐渐减少；而温度的升高将促进高铁酸盐自分解反应，生成三价铁的羟基氧化物，从而使高铁酸盐的氧化性减弱，不利于 TBBPA 的降解[148]。

　　如图 4-9 所示，考察高铁酸盐在不同温度条件下的分解情况，结果表明，高铁酸盐剩余浓度百分比随着温度的升高而逐渐降低，当温度从 10℃逐渐增加至 50℃时，20 min 后水中高铁酸盐剩余浓度百分比从 79.8%减少至 30.0%，高铁酸盐浓度的减少导致其对 TBBPA 降解效率的降低。因此，如若保持反应过程中高铁酸盐的浓度不变，高铁酸盐的自分解反应将可忽略，此时升温对高铁酸盐氧化降解 TBBPA 反应是有利的。

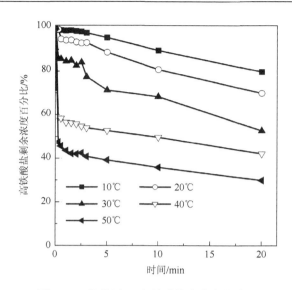

图 4-9   不同温度下高铁酸盐浓度变化情况

4.4.3   TBBPA 初始浓度对高铁酸盐降解 TBBPA 的影响

本节主要考察了 TBBPA 的初始浓度对其降解率的影响，试验条件：高铁酸盐的投加浓度为 1.0 mg/L，TBBPA 初始浓度分别为 0.2 mg/L、0.5 mg/L、1.0 mg/L，溶液初始 pH 为 7.0，温度为（25±0.5）℃，结果如图 4-10 所示。

由图 4-10 可以看出，随着 TBBPA 初始浓度的升高，高铁酸盐对 TBBPA 的降解率逐渐降低。当 TBBPA 的初始浓度从 0.2 mg/L 提高至 0.5 mg/L 时，虽然高铁酸盐均能在 30 min 内将 TBBPA 完全去除，但所需的氧化接触时间从 5 min 增加至 10 min；而当 TBBPA 初始浓度升高至 1.0 mg/L 时，高铁酸盐对 TBBPA 的降解率降低为 93.0%。

分析原因可知，TBBPA 初始浓度的增加使得反应体系中高铁酸盐与 TBBPA 的摩尔浓度比降低（TBBPA 浓度为 0.2 mg/L、0.5 mg/L、1.0 mg/L 时，高铁酸盐与 TBBPA 的摩尔浓度比分别是 13.7、5.5、2.8），即参与单位摩尔 TBBPA 降解的高铁酸盐量减少，从而导致 TBBPA 降解率降低。但 TBBPA 初始浓度的提高使高铁酸盐被更多的 TBBPA 分子包围，减少了因高铁酸盐分子之间碰撞产生副反应而引起的氧化剂损耗，使其利用效率得到提高，反应效率提高，TBBPA 反应的绝对去除量增加，从这方面考虑可知 TBBPA 初始浓度的增加对高铁酸盐氧化反应是有利的。

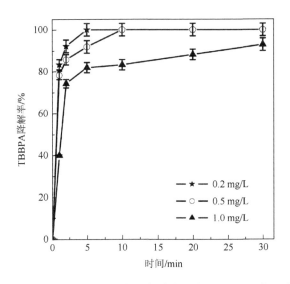

图 4-10　TBBPA 初始浓度对高铁酸盐降解 TBBPA 的影响

4.4.4　水中共存物质对高铁酸盐降解 TBBPA 的影响

水中共存物质也可能对高铁酸盐氧化工艺降解 TBBPA 的效率产生影响，因此，本节选择了几种水中常见共存物质，考察其对高铁酸盐降解 TBBPA 的影响，包括金属离子（Cu^{2+} 和 Fe^{3+}）、无机离子（PO_4^{3-}、HCO_3^-、NO_3^- 和 NH_4^+）和有机物（腐殖酸），试验所用水均为蒸馏水配制的模拟废水。

1. 金属离子

本节主要考察了水中金属离子对高铁酸盐降解 TBBPA 的影响，其中的金属离子选择 Cu^{2+} 和 Fe^{3+}，考察浓度为 0～20 mg/L，其他试验条件：高铁酸盐的投加浓度为 1.0 mg/L，TBBPA 浓度为 1.0 mg/L，溶液初始 pH 为 7.0，温度为（25±0.5）℃，结果如图 4-11 所示。

从图 4-11 可以看出，金属离子 Cu^2 对高铁酸盐降解 TBBPA 具有一定的促进作用。当 Cu^{2+} 的浓度从 0 mg/L 增加至 5 mg/L 时，反应 30 min 后，

TBBPA 的降解率从 80.5%逐渐升高到 100%，这是由于 Cu^{2+} 对高铁酸盐氧化反应具有一定的催化作用[149]。

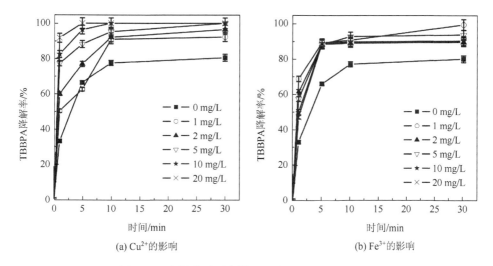

(a) Cu^{2+} 的影响　　　　　(b) Fe^{3+} 的影响

图 4-11　金属离子对高铁酸盐降解 TBBPA 的影响

从图 4-11 还可看出，当 Fe^{3+} 浓度较低时（1 mg/L），Fe^{3+} 即可催化高铁酸盐氧化反应使 TBBPA 迅速被完全降解。但随着 Fe^{3+} 投加浓度的增加，TBBPA 的降解率呈现一定的下降趋势，当 Fe^{3+} 浓度增加至 20 mg/L 时，TBBPA 的降解率下降为 90.9%。分析原因可知，Fe^{3+} 在高铁酸盐氧化工艺中具有双重作用，即催化作用（与 Cu^{2+} 类似）和还原作用。其中，Fe^{3+} 的还原作用体现为其会加剧高铁酸盐自分解反应，生成低价态铁的氢氧化物[141]，使高铁酸盐自身的氧化性减弱，最终导致 TBBPA 的降解效率变差。

2. 无机离子

本节主要考察了水中几种常见的无机离子（PO_4^{3-}、HCO_3^-、NO_3^- 和 NH_4^+）对高铁酸盐降解 TBBPA 的影响。试验条件:无机离子浓度的考察范围为 0～20 mg/L，高铁酸盐的投加浓度为 1.0 mg/L，TBBPA 浓度为 1.0 mg/L，溶液初始 pH 为 7.0，温度为（25±0.5）℃，结果如图 4-12 所示。

如图 4-12 所示，不同无机离子对高铁酸盐降解 TBBPA 的影响不同，随着无机离子投加浓度的增加，PO_4^{3-} 对高铁酸盐降解 TBBPA 具有一定的促进作用，NO_3^- 对该降解反应无太大影响，而 HCO_3^- 和 NH_4^+ 则对高铁酸盐降解 TBBPA 反应具有明显的抑制作用。

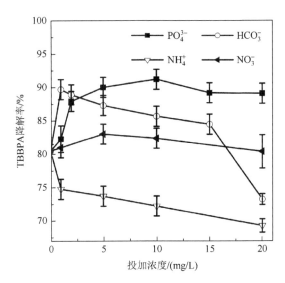

图 4-12　无机离子对高铁酸盐降解 TBBPA 的影响

研究表明，虽然 PO_4^{3-} 及 NO_3^- 可促进初始浓度的高铁酸盐自分解，但这些离子可加强剩余高铁酸盐的稳定性[148]。同时，随着浓度的增加，PO_4^{3-} 可增加反应体系离子强度，从而可保持高铁酸盐稳定存在并提高其利用效率[150]。因此，当 PO_4^{3-} 浓度从 0 mg/L 增加至 20 mg/L 时，TBBPA 的降解率逐渐提高了 9.7 个百分点。当 HCO_3^- 和 NH_4^+ 浓度投加至 20 mg/L 时，TBBPA 的降解率分别减少了 7.6 个百分点和 11.3 个百分点。分析原因可知，HCO_3^- 的存在可提高反应体系的碱度，增强了高铁酸盐的稳定性，从而有利于高铁酸盐氧化反应；然而，HCO_3^- 还具有另一个作用，即自由基捕获剂，可捕获高铁酸盐氧化反应过程中新生成的自由基，从而不利于降解反应[150]。而 NH_4^+ 具有还原特性，其与高铁酸盐可通过 2-e$^-$途径发生反应，k_{app} 高达 10^4 M^{-1}s^{-1}，因此 NH_4^+ 的存在可与 TBBPA 竞争反应体系中的氧化剂高铁酸盐[125]。

3. 有机物

本节以腐殖酸为代表，主要考察了水中有机物的存在对高铁酸盐降解 TBBPA 的影响。试验条件：腐殖酸浓度以 TOC 计，考察范围为 0～

5 mg-TOC/L，高铁酸盐的投加浓度为 1.0 mg/L，TBBPA 浓度为 1.0 mg/L，溶液初始 pH 为 7.0，温度为（25±0.5）℃，结果如图 4-13 所示。

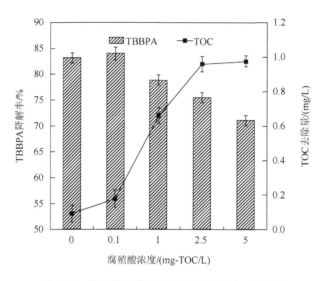

图 4-13　腐殖酸对高铁酸盐降解 TBBPA 的影响

与臭氧氧化反应类似，由于 NOM 的苯环上连有大量羟基、羧基和羰基等官能团，可与 TBBPA 竞争体系中的氧化剂高铁酸盐，因此 NOM 的存在可抑制高铁酸盐降解 TBBPA。从图 4-13 可以看出，随着反应体系中腐殖酸浓度的增加，高铁酸盐对 TBBPA 的降解效率逐渐降低。当腐殖酸的浓度达到 5 mg-TOC/L 时，TBBPA 的降解率下降了 7.8 个百分点；与此同时，反应体系对 TOC 的去除量从 0.177 mg/L 增加至 0.976 mg/L，说明随着浓度增加，更多的腐殖酸与氧化剂高铁酸盐发生矿化反应，使 TBBPA 的降解效果变差。

4.5　高铁酸盐降解 TBBPA 过程中的脱溴水平研究

尽管高铁酸盐是一种强氧化剂，但它不会将水中游离溴离子氧化成溴酸盐，这主要是由于高铁酸盐的氧化反应可分为 1-e$^-$ 和 2-e$^-$ 传输过程，而两个过程均无法克服与 Br·/Br$^-$ 及 BrO$^-$/Br$^-$ 发生反应的氧化还原电位（分别为 2.00 V 和 0.77 V），因此无法生成溴酸盐[116]。因此，本节考察高铁酸盐降解 TBBPA 过程中生成的无机中间产物，仅从脱溴水平方面进行研究，考察不同试验条件下反应体系中游离溴离子的生成情况。试验结果如图 4-14 所示，其中图 4-14(b)～(d)中高铁酸盐投加浓度均为 1.0 mg/L。结果表明，当高铁酸盐投加浓度和 TBBPA 初始浓度均为 1.0 mg/L，溶液初始 pH 为 7，温度为 25℃时，经 30 min 接触反应，高铁酸盐降解 TBBPA 过程中脱溴率为 30%左右。

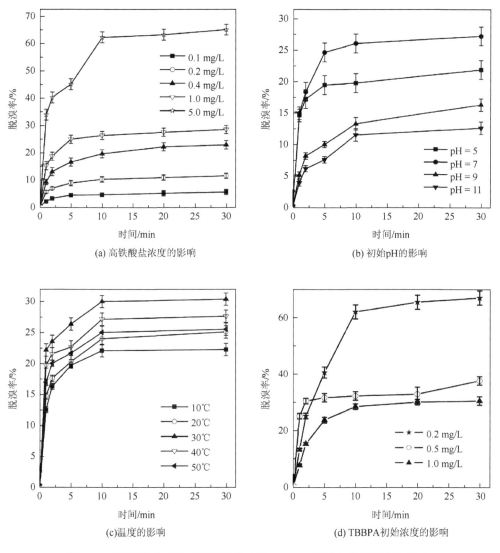

(a) 高铁酸盐浓度的影响　　　　　　　　(b) 初始pH的影响

(c)温度的影响　　　　　　　　(d) TBBPA初始浓度的影响

图 4-14　不同影响因素对高铁酸盐去除 TBBPA 过程中的脱溴率的影响

从图 4-14 可以看出，相对于高铁酸盐对 TBBPA 的降解效率，TBBPA 脱溴率具有明显的滞后性，这个现象与臭氧降解 TBBPA 过程相似；游离溴离子的生成量随着反应时间的延长呈逐渐增加的趋势，并没有下降的过程，这与臭氧降解 TBBPA 体系不同。与臭氧氧化技术类似，脱溴率的滞后性主要有两方面原因：一方面，是由于高铁酸盐在降解 TBBPA 过程中优先选择攻击不成对电子、连接两个苯环的 C—C 键，其次才攻击 C—Br 键；另一方面，游离溴离子可能与中间产物结合生成新的含溴有机物。尽管如此，在高铁酸盐降解 TBBPA 过程中脱溴率并没有降低趋势，这可能与高铁酸盐降解 TBBPA 过程中并无溴酸盐生成有关。试验结果还表明，相比于光催化氧化降解 TBBPA（10%）和机械化学降解 TBBPA（5%）过程中的脱溴率，高铁酸盐降解 TBBPA 的脱溴情况是显著的[78,114]。虽然低于臭氧降解 TBBPA 过程中的脱溴率，但高铁酸盐降解 TBBPA 反应过程中不存在致癌性副产物溴酸盐的生成风险，这是高铁酸盐氧化工艺的优势。

从图 4-14 可以看出，高铁酸盐投加浓度、溶液初始 pH 及温度对 TBBPA 脱溴率的影响与其对 TBBPA 降解效率的影响相似。如图 4-14（a）所示，随着高铁酸盐投加浓度的增加，TBBPA 的脱溴率也逐渐提高，当高铁酸盐浓度为 0.1 mg/L 时，脱溴率仅为 5.1%，此时 TBBPA 降解率为 58.2；而当高铁酸盐浓度增加至 1.0 mg/L 时，脱溴率升高至 28.2%，TBBPA 降解率高达 94.1%；当高铁酸盐浓度增加至 5.0 mg/L 时，脱溴率高达 64.7%，而 TBBPA 也被完全降解。这说明 TBBPA 脱溴率与其降解率之间的滞后性随着高铁酸盐浓度的增加而逐渐减弱。与 3.2.1 节中数据进行对比发现，高铁酸盐氧化工艺与臭氧氧化技术降解 TBBPA 的脱溴水平的差距随着氧化剂浓度的增加而缩小，甚至优于臭氧氧化技术。

如图 4-14（b）所示，在碱性条件下，随着溶液初始 pH 的升高，TBBPA 脱溴率呈下降趋势，当 pH 从 7 升高至 11 时，TBBPA 脱溴率从 27.1%下降至 12.5%。如图 4-14（c）所示，当温度低至 10℃时，高铁酸盐降解 TBBPA 的脱溴率仅为 22.0%；脱溴率最高值发生在温度为 30℃左右，此时 TBBPA 脱溴率高达 30.2%；而当温度继续升高至 50℃时，TBBPA 脱溴率又下降至 25.3%，说明温度过高或过低均不利于脱溴反应进行。如图 4-14（d）所示，

TBBPA 初始浓度的增加不利于脱溴率的提高。当 TBBPA 初始浓度从 0.2 mg/L 增加至 1.0 mg/L 时，高铁酸盐降解 TBBPA 过程中的脱溴率从 66.7%减少至 30.1%。

4.6　高铁酸盐降解 TBBPA 的反应机理分析

4.6.1　高铁酸盐降解 TBBPA 的有机中间产物和矿化度分析

1. 高铁酸盐降解 TBBPA 的有机中间产物分析

在研究高铁酸盐对 TBBPA 降解规律和脱溴水平的基础上，本节重点考察高铁酸盐降解 TBBPA 过程中产生的有机中间产物，其方法主要是利用 GC-MS/MS 进行碎片分析，并与已报道的文献进行比对，最终确定有机中间产物。试验条件：高铁酸盐浓度和 TBBPA 初始浓度均为 1.0 mg/L，溶液初始 pH 为 7.0，温度为（25±0.5）℃，结果如表 4-4 所示，表中总结了有机中间产物的主要离子碎片（用质荷比进行表示）并给出了可能的分子结构式。

结果表明，除了 TBBPA 本身，在高铁酸盐降解 TBBPA 反应过程中共确定了 7 个有机中间产物（分别为 $p_1 \sim p_7$），且大部分已在臭氧氧化技术中检出；检测出的有机中间产物均带有苯环，并未检测出更小分子结构的产物，说明若要获得 TBBPA 的深度矿化需要更高的高铁酸盐浓度或更长的氧化接触时间等。

从表 4-4 可以看出，在检测的 7 个中间产物中，有 4 个为二溴类有机物，即 2,6-二溴苯酚、2,6-二溴对异丙烯基苯醌、2,6-二溴-4-(1-甲基乙基)苯酚和 2,6-二溴对 -(2-叔丁醇)苯酚。类似的结论在其他研究中也有获得，与光化学降解、高锰酸钾氧化降解、高温分解及臭氧氧化降解类似，二溴类有机物也是高铁酸盐降解 TBBPA 的主要检出中间产物。同时，还确定了脱一个溴元素的三溴双酚 A 和完全脱溴产物双酚 A，可以推测在高铁酸盐降解 TBBPA 过程中也存在逐级氧化脱溴过程。另外，本节还确定了其他完全脱溴产物，如邻苯二甲酸。本节所确定的有机中间产物均为含苯环类物质，对于直链类小分子产物却未能检出，说明高铁酸盐对 TBBPA 的彻底矿化还需要进一步研究。各有机中间产物的特征离子碎片质谱信息如图 4-15 所示。

表 4-4　高铁酸盐降解 TBBPA 过程中的有机中间产物

序号	名称	t/min	分子式	结构式	质荷比（峰强度/%）
p_1	2,6-二溴苯酚	6.92	$C_6H_4Br_2O$		252（100）63（49）143（19）
p_2	邻苯二甲酸	8.04	$C_8H_6O_4$		164（100）166（58）78（38）120（34）
p_3	双酚 A	9.07	$C_{15}H_{16}O_2$		213（100）228（22）207（54）119（13）
p_4	2,6-二溴对异丙烯基苯醌	9.86	$C_9H_8Br_2O$		292（100）290（56）279（22）132（44）
p_5	2,6-二溴-4-(1-甲基乙基)苯酚	10.06	$C_9H_{12}Br_2O$		294（100）297（56）63（43）131（18）
p_6	2,6-二溴对-(2-叔丁醇)苯酚	10.57	$C_9H_{10}Br_2O_2$		309（100）71（19）279（13）
p_7	三溴双酚 A	16.22	$C_{15}H_{13}Br_3O_2$		451（100）464（24）449（90）453（33）

2. 高铁酸盐降解 TBBPA 的矿化度分析

本节考察了高铁酸盐降解 TBBPA 的矿化程度，主要试验条件：TBBPA浓度为 1.0 mg/L，高铁酸盐投加浓度分别为 1.0 mg/L、2.0 mg/L、3.0 mg/L、4.0 mg/L、5.0 mg/L、8.0 mg/L、10.0 mg/L，溶液初始 pH 为 7.0，温度为（25±1）℃，反应时间 30 min，结果如图 4-16 所示。

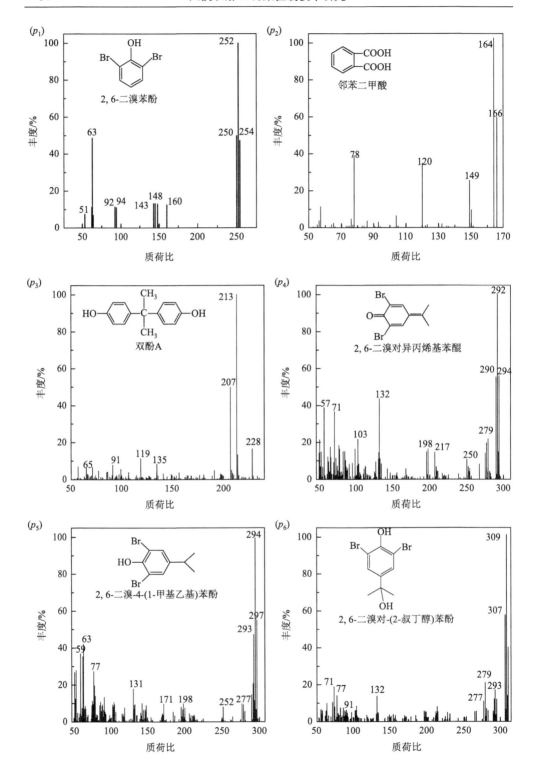

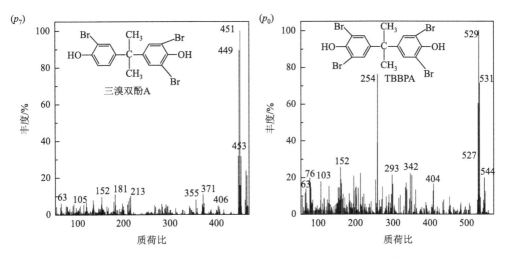

图 4-15　高铁酸盐降解 TBBPA 过程中有机中间产物和 TBBPA 的质谱图

如图 4-16 所示，在高铁酸盐氧化工艺中，相对于 TBBPA 的高效降解率，TBBPA 的矿化度存在较大的滞后性，提高高铁酸盐投加浓度有利于提高 TBBPA 的矿化度。

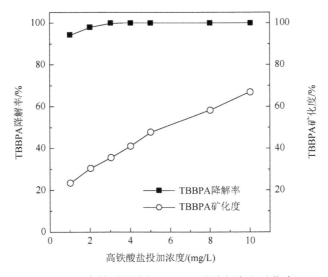

图 4-16　高铁酸盐降解 TBBPA 的降解率和矿化度

当高铁酸盐投加浓度从 1.0 mg/L 升高至 5.0 mg/L 时，TBBPA 降解率从 94.1%增加至 100%，对应的 TBBPA 矿化度从 23.5%增加至 47.6%；当高铁酸盐投加浓度升高至 10.0 mg/L 时，对应的 TBBPA 矿化度提高至

67.0%。与臭氧氧化技术对比，相同摩尔浓度条件下，高铁酸盐氧化工艺对 TBBPA 的矿化度较低，这可能与其较低的脱溴率有关；增加高铁酸盐投加浓度虽然能有效提高 TBBPA 降解过程中的矿化度，但造成药剂成本大幅度增加。

4.6.2 高铁酸盐降解 TBBPA 的反应途径和 DFT 计算分析

结合已确定的有机中间产物，本节分析并提出了高铁酸盐降解 TBBPA 的可能性反应途径，并利用量子化学计算反应过程中的热力学变化（ΔE 和 ΔG），进一步分析反应途径可行性，以揭示高铁酸盐降解 TBBPA 的反应机理。

综合文献调研可知，与臭氧氧化技术类似，在高铁酸盐氧化降解 TBBPA 过程中，既包括高铁酸盐分子氧化降解 TBBPA 的直接氧化途径，又包括因高铁酸盐分解生成的羟自由基（·OH）间接氧化途径[150]。因此，从·OH 间接氧化途径分析，高铁酸盐降解 TBBPA 的反应机理同样可包括加成和氢抽提反应通道、逐级氧化脱溴通道和去质子化通道，这已在第 3 章得到量子化学计算验证。本节进一步从高铁酸盐分子氧化途径分析 TBBPA 的降解机理。

首先，高铁酸盐分子直接氧化降解 TBBPA 也存在逐级氧化脱溴途径，具体反应过程如图 4-17 所示。四面体结构的高铁酸盐分子中 O—H 键与 TBBPA 分子中 Br 元素以氢键形式结合，并与 3 个 H_2O 分子反应，反应脱一个溴元素生成 HBr，TBBPA 本身生成三溴双酚 A（p_7），六价态的 $HFeO_4^-$ 还原生成四价态的 $H_3FeO_4^-$，H_2O 分子氧化生成 H_2O_2 并释放出 O_2。经 ORCA 量子化学程序包对反应过程中的热力学数据进行计算可知该逐级氧化脱溴途径虽然可以实现，但为吸热反应，相对能量 ΔE 和自由焓 ΔG 分别为 37.00 kcal/mol 和 41.55 kcal/mol，TBBPA 经该途径可完成逐级氧化脱溴生成双酚 A（p_6），并最终被氧化矿化。与臭氧氧化技术逐级氧化脱溴途径的热力学数据相比（ΔE 和 ΔG 分别为 –34.90 kcal/mol 和 –36.77 kcal/mol，放热过程），高铁酸盐氧化脱溴反应在热力学上是一个吸热过程，因此反应难度相对更大，这也可能是导致其脱溴水平较低的一个原因。

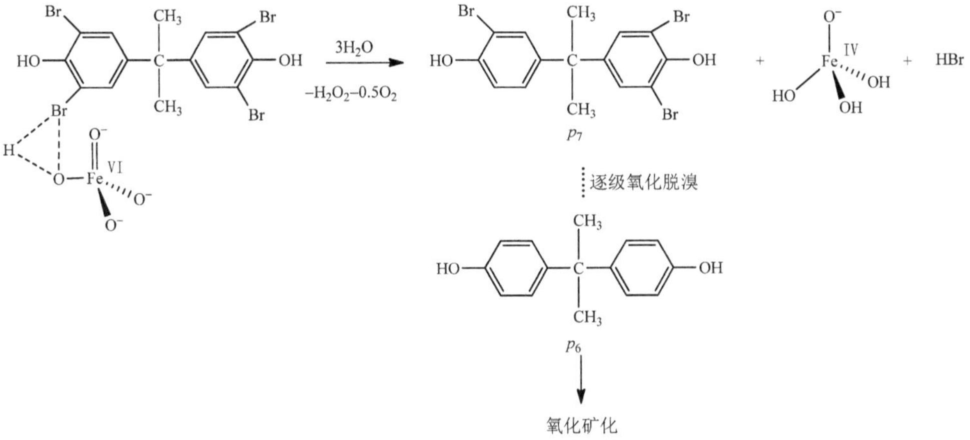

图 4-17 高铁酸盐降解 TBBPA 逐级氧化脱溴反应途径

另外，高铁酸盐分子直接氧化降解 TBBPA 还存在去质子化途径，具体反应过程如图 4-18 所示，量子化学计算所得热力学数据如表 4-5 所示。

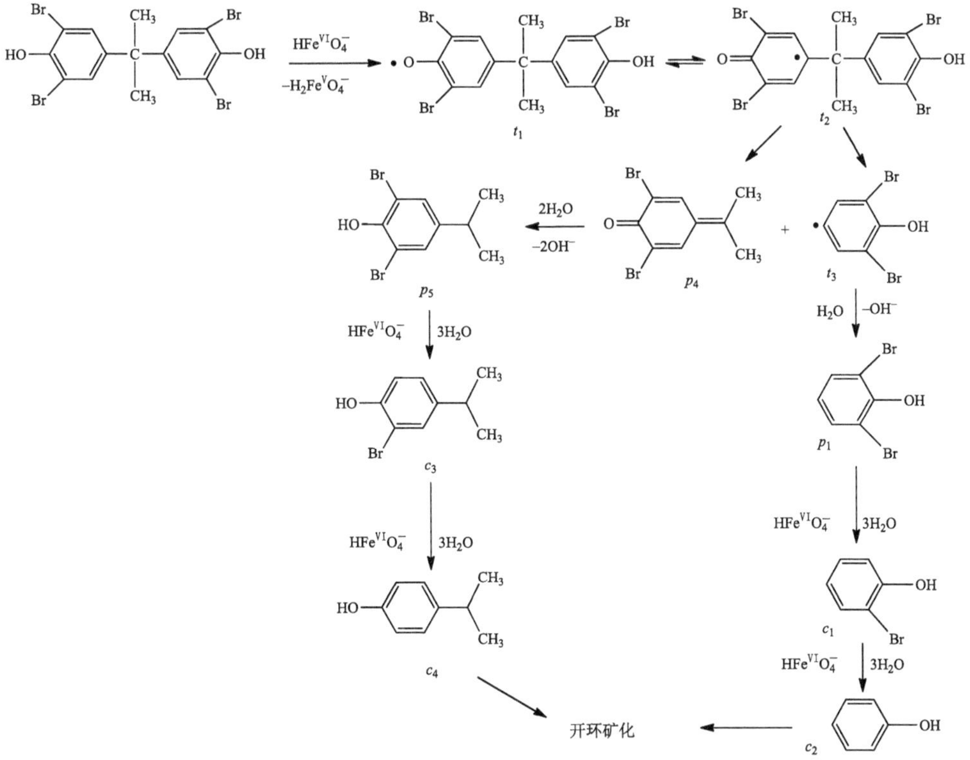

图 4-18 高铁酸盐降解 TBBPA 去质子化途径

表 4-5　去质子化反应过程中热力学数据变化情况

反应途径	ΔE/(kcal/mol)	ΔG/(kcal/mol)
$TBBPA + HFeO_4^- \longrightarrow t_1 + H_2FeO_4^-$	−4.49	−5.88
$t_1 \longrightarrow t_2$	/	/
$t_2 \longrightarrow p_4 + t_3$	45.11	26.38
$t_3 + H_2O \longrightarrow p_1 + OH^-$	−22.92	−21.66
$p_1 + HFeO_4^- + 3H_2O \longrightarrow c_1 + H_3FeO_4^- + HBr + H_2O_2 + 0.5O_2$	37.79	42.30
$c_1 + HFeO_4^- + 3H_2O \longrightarrow c_2 + H_3FeO_4^- + HBr + H_2O_2 + 0.5O_2$	34.57	38.03
$p_4 + 2H_2O \longrightarrow p_5 + 2OH^-$	39.17	42.33
$p_5 + HFeO_4^- + 3H_2O \longrightarrow c_3 + H_3FeO_4^- + HBr + H_2O_2 + 0.5O_2$	37.00	41.55
$c_3 + HFeO_4^- + 3H_2O \longrightarrow c_4 + H_3FeO_4^- + HBr + H_2O_2 + 0.5O_2$	34.62	39.34

在去质子通道中,六价态的 $HFeO_4^-$ 分子将一个 e^- 转移给 TBBPA 使其形成自由基态中间体 t_1,而 $HFeO_4^-$ 还原成五价态的 $H_2FeO_4^-$,该反应放热 −5.88 kcal/mol。与臭氧氧化技术相似,t_1 通过分子振动转变成等价体 t_2 并断裂生成 t_3 和 p_4,该过程为吸热反应,ΔE 和 ΔG 值分别为 45.11 kcal/mol 和 26.38 kcal/mol。其中,t_3 与一个 H_2O 分子反应生成 p_1,放热 −21.66 kcal/mol;p_1 经高铁酸盐分子逐级氧化脱溴过程分别生成 c_1 和 c_2,并最终开环矿化,反应中 ΔG 值分别为 42.30 kcal/mol 和 38.03 kcal/mol。p_4 吸热 42.33 kcal/mol 并与 2 个 H_2O 分子反应生成 p_5,p_5 继续通过氧化脱溴生成 c_3 和 c_4(ΔG 值分别为 41.55 kcal/mol 和 39.34 kcal/mol),也可实现最终的开环矿化。从以上的途径分析和热力学数据支持可知,高铁酸盐通过去质子化途径直接氧化降解 TBBPA 是可行的。

综上所述,在高铁酸盐氧化工艺降解 TBBPA 过程中,其·OH 间接氧化途径具有与臭氧氧化技术相似的降解机理,即加成和氢抽提反应、逐级氧化脱溴和去质子化途径;其高铁酸盐分子也具有逐级氧化脱溴和去质子化两大途径。热力学数据分析表明,高铁酸盐降解 TBBPA 的直接氧化途径实现难度比·OH 间接氧化途径要大。

4.7　高铁酸盐降解 TBBPA 过程中的毒性控制

基于对高铁酸盐降解 TBBPA 过程中中间产物的确定和降解途径分析，本节重点考察反应过程中水样的毒性控制，包括急性毒性、慢性毒性和有毒中间产物控制（包括 2,6-二溴苯酚和双酚 A）。主要试验条件：TBBPA 初始浓度为 0.15 mg/L，高铁酸盐浓度选择分别为 0.05 mg/L、0.15 mg/L 和 0.25 mg/L，则高铁酸盐与 TBBPA 的摩尔浓度比分别为 1：1、3：1、5：1，溶液初始 pH 为 7.0，温度为（25±0.5）℃，反应 60 min。

4.7.1　急性毒性

利用发光细菌试验考察高铁酸盐降解 TBBPA 过程中水样的急性毒性效应，结果以发光细菌的相对发光抑制率（$T\%$）和毒性当量值（TU）表征，如图 4-19 所示。

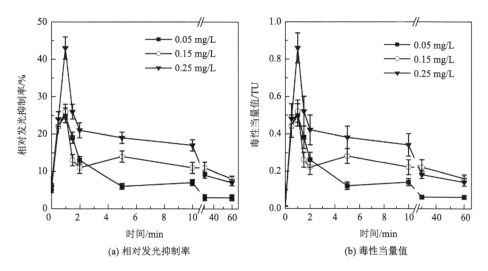

(a) 相对发光抑制率　　　　(b) 毒性当量值

图 4-19　高铁酸盐降解 TBBPA 过程中急性毒性变化情况

如图 4-19 所示，与臭氧氧化反应类似，在高铁酸盐降解 TBBPA 过程中，水样对发光细菌的相对发光抑制率[图 4-19（a）]及转化的毒性当量值 TU[图 4-19 (b)]随着反应时间的延长呈先升高后降低的趋势，即水样对发光细菌的急性毒性先增强后减弱。TBBPA 物质本身对发光细菌的急性毒性较低，0.15 mg/L 的 TBBPA 对应的相对发光抑制率仅为 6%。然而，反应 1 min 后水样对发光细菌的急性毒性剧烈升高至最大值，对于浓度分别为 0.05 mg/L、0.15 mg/L 和 0.25 mg/L 的高铁酸盐氧化工艺，相应的最大相对发光抑制率分别达到 25%、26%、43%，对应的 TU 则为 0.50 TU、0.52 TU、0.86 TU。随着反应时间的延长，水样对发光细菌的急性毒性逐渐减弱，当接触反应 60 min 后，高铁酸盐浓度分别为 0.05 mg/L、0.15 mg/L 和 0.25 mg/L 体系中水样对发光细菌的相对发光抑制率分别降低到 3%、8% 和 7%，对应的 TU 分别为 0.06 TU、0.16 TU 和 0.14 TU。

分析高铁酸盐降解 TBBPA 过程中水样的急性毒性先升高后降低的原因可知，其与更高毒性中间产物的积累及进一步降解密切相关。从表 4-4 可以看出，反应过程中生成了三溴双酚 A、双酚 A、2,6-二溴苯酚，毒理学数据表明，这些中间产物的 LD_{50}（大鼠，口径）分别为 2000 mg/kg、2400 mg/kg、282 mg/kg，低于 TBBPA 的 LD_{50}（3160 mg/kg），表明这些中间产物的毒性均比 TBBPA 高很多。以较高毒性的 2,6-二溴苯酚为例，利用 GC 检测高铁酸盐降解 TBBPA 过程中 2,6-二溴苯酚的生成量，结果如图 4-20 所示。在高铁酸盐降解 TBBPA 反应初期，2,6-二溴苯酚的生成量迅速增加，在 5 min 内达最大值 55.4 μg/L；随着反应时间的延长，2,6-二溴苯酚又逐渐被降解，反应 60 min 后 2,6-二溴苯酚含量仅为 5.3 μg/L。结果表明，反应过程中 2,6-二溴苯酚的生成情况与水样对发光细菌的急性毒性变化情况规律一致。

为了进一步说明毒性变化原因，本节还对各时间点水样在 220～320 nm 范围内进行了紫外光谱扫描，结果如图 4-21 所示。结果表明，水样对紫外光的吸光度在反应 10 min 内呈升高趋势，说明在反应过程中生成了较多的含苯环类物质或不饱和键，而这些物质的毒性可能更高，导致水样的急性毒性升高；随着反应的进行，水样对紫外光的吸光度逐渐降低，说明中间产物被进一步降解了，从而使水样的急性毒性降低。

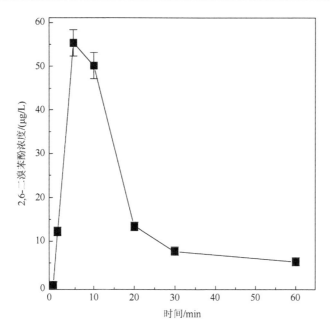

图 4-20　高铁酸盐降解 TBBPA 过程中 2,6-二溴苯酚生成情况

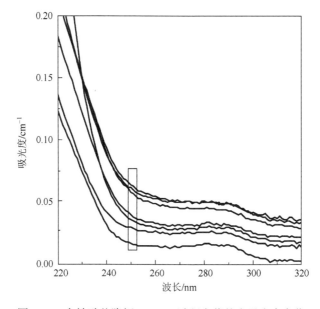

图 4-21　高铁酸盐降解 TBBPA 过程中紫外光吸光度变化

（框选部分从上至下分别对应反应 10 min、5 min、1 min、20 min、30 min、60 min、0 min 的紫外光吸光度）

通过对比分析发现，在高铁酸盐降解 TBBPA 过程中，反应初期水样

的毒性增长幅度高于臭氧氧化技术，且毒性随着高铁酸盐浓度的升高而增强。空白试验表明，水样的终止剂及高铁酸盐还原产物三价铁对急性毒性不存在干扰。因此，分析原因可能是高铁酸盐对 TBBPA 的脱溴水平较低造成，更多的溴参与生成低溴有机中间产物，且随着高铁酸盐浓度的增加生成的含溴有机中间产物成分可能更加复杂，这些物质的毒性经叠加作用使水样表现出对发光细菌更高的急性毒性。尽管如此，经 60 min 反应后水样的急性毒性当量值均不超过 0.16 TU，高铁酸盐氧化工艺对急性毒性的控制水平与臭氧氧化技术持平（0.1 TU）。

4.7.2　慢性毒性

利用大型溞 14 d 慢性毒性试验考察高铁酸盐降解 TBBPA 过程中水样的慢性毒性效应，结果以毒性当量值（TU）来表征，如图 4-22 所示。

从图 4-22 可以看出，相对于较弱的急性毒性，TBBPA 表现出对大型溞较强的慢性毒性效应；在高铁酸盐降解 TBBPA 过程中水样的慢性毒性

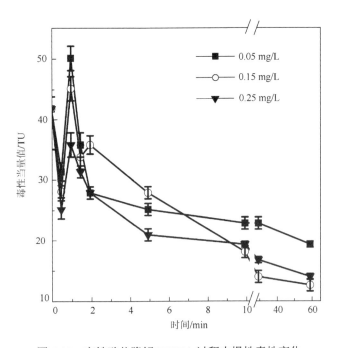

图 4-22　高铁酸盐降解 TBBPA 过程中慢性毒性变化

呈反应前期波动增加、后期逐渐降低的规律。反应开始前，0.15 mg/L 的 TBBPA 水样的毒性当量值为 41.7 TU。反应开始后水样的慢性毒性迅速下降后又急剧升高，在 2 min 内达最大值，对于高铁酸盐浓度分别为 0.05 mg/L、0.15 mg/L 和 0.25 mg/L 的反应体系，相应的最高毒性当量值分别达到 50 TU、45 TU、35.7 TU。随着反应进一步进行，水样对大型溞的 14 d 慢性毒性效应逐渐减弱，当反应 60 min 后，浓度为 0.05 mg/L、0.15 mg/L 和 0.25 mg/L 高铁酸盐氧化工艺的毒性当量值分别降至 19.2 TU、12.5 TU、13.9 TU；相对于 TBBPA 初始毒性，高铁酸盐对慢性毒性的控制率分别达到 54.0%、70.0% 和 66.7%。高铁酸盐氧化工艺对慢性毒性具有显著的控制效果，且随着氧化剂浓度和反应时间的增加而增强；对比分析可知，高铁酸盐氧化工艺的慢性毒性控制效果优于臭氧氧化技术。

4.7.3　有毒中间产物

由于高铁酸盐降解 TBBPA 过程中生成的中间产物仍然是含苯环的大分子物质，特别是二溴酚类物质、双酚 A 等具有较高的生物毒性，本节进一步考察高铁酸盐对这些有毒中间产物的深度降解效能和毒性控制能力。

1. 2,6-二溴苯酚的降解和毒性控制

本节主要考察了不同高铁酸盐浓度下对 2,6-二溴苯酚的降解和毒性控制情况，试验条件：2,6-二溴苯酚初始浓度为 0.10 mg/L，为使高铁酸盐与 2,6-二溴苯酚摩尔浓度比分别为 1∶1、2∶1、5∶1、10∶1、20∶1，高铁酸盐投加浓度分别选择为 0.08 mg/L、0.16 mg/L、0.40 mg/L、0.80 mg/L、1.60 mg/L，溶液初始 pH 为 7.0，温度为（25±0.5）℃，反应时间 30 min，结果如图 4-23 所示。

从图 4-23 可以看出，高铁酸盐对 2,6-二溴苯酚具有较强的降解、脱溴和毒性控制能力，该效能随着氧化剂浓度增加而增强。如图 4-23（a）所示，随着高铁酸盐与 2,6-二溴苯酚的摩尔浓度比从 1∶1 逐渐增加到 20∶1 时，高铁酸盐对 2,6-二溴苯酚的降解率从 12.8% 逐渐增至 95.1%，对应的脱溴

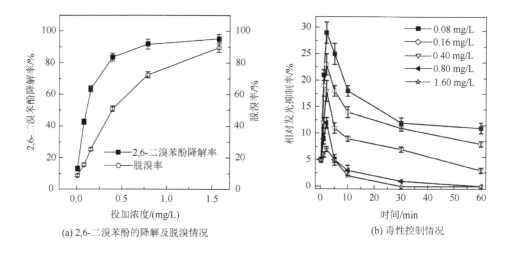

(a) 2,6-二溴苯酚的降解及脱溴情况   (b) 毒性控制情况

图 4-23   高铁酸盐对 2,6-二溴苯酚的降解情况

率从 8.7%增加至 89.7%。虽然高铁酸盐对 2,6-二溴苯酚的脱溴率相对于 2,6-二溴苯酚的降解率仍存在一定的滞后现象，但两者之间的差距随着 2,6-二溴苯酚的深度降解逐渐缩小；同时，相对于 TBBPA 的较低脱溴率（30%左右），高铁酸盐对 2,6-二溴苯酚具有较强的脱溴能力，说明高铁酸盐有能力控制 TBBPA 反应过程中产生的有毒中间产物。

如图 4-23（b）所示，高铁酸盐对降解 2,6-二溴苯酚过程中产生的毒性控制效果随着氧化剂浓度的增加、反应时间的延长而增强。当高铁酸盐浓度增加至 0.40 mg/L 时，经 60 min 反应，水样的慢性毒性低于初始毒性；当高铁酸盐浓度增加至 0.80 mg/L 时，反应 60 min 可完全控制水样的慢性毒性，且控制时间在高铁酸盐浓度为 1.60 mg/L 时缩短至30 min。综上所述，高铁酸盐氧化工艺能有效降解 2,6-二溴苯酚并完全控制其毒性。

2. BPA 的降解和毒性控制

BPA 是具有较高毒性的 EDCs，在高铁酸盐降解 TBBPA 过程中被检测出来，且具有与 TBBPA 相似的官能团和分子结构。本节试验在 BPA 初始浓度为 1 mg/L 条件下进行，分别研究了在不同高铁酸盐浓度和溶液初始pH 条件下高铁酸盐对 BPA 的降解效率，同时考察了高铁酸盐对 BPA 降解过程中的毒性控制效果，结果如图 4-24 所示。从图 4-24 可以看出，高铁酸盐对 BPA 具有较强的降解能力，且反应对溶液初始 pH 具有显著适应性。

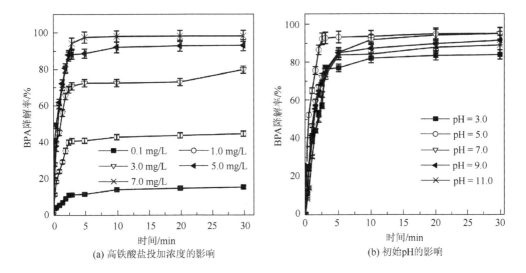

图 4-24　高铁酸盐对 BPA 的降解情况

如图 4-24（a）所示，高铁酸盐对 BPA 的降解效能随氧化剂浓度的增加而增强。当高铁酸盐投加浓度从 0.1 mg/L 逐渐增加至 7.0 mg/L，反应 30 min 后 BPA 的降解率从 15.1%提高到 98.4%。

如图 4-24（b）所示，高铁酸盐对 BPA 的降解效果随溶液初始 pH 的升高呈先增强后减弱的趋势，但在较宽的 pH 范围内（3.0～11.0）均保持较高的 BPA 降解率（85%以上）。当 pH 从 3.0 升高至 5.0 时，BPA 的降解率从 85.1%增加到 95.2%；随着 pH 进一步升高至 11.0，BPA 的降解率逐渐降低至 89.1%。与高铁酸盐降解 TBBPA 反应体系类似，高铁酸盐降解 BPA 的反应受 pH 影响较大，其原因主要归结于高铁酸盐和 BPA 在不同 pH 条件下的主要组分不同。在碱性条件下，随着 pH 的增加，高铁酸盐和 BPA 的主要组分分别为 FeO_4^{2-} 和 BPA^{2-}，两者之间的排斥性使其有效碰撞频率降低，导致反应速率减弱[151]。

在了解高铁酸盐对 BPA 降解效能的基础上，进一步考察高铁酸盐降解 BPA 过程中的毒性控制效果，如图 4-25 所示。结果表明，在高铁酸盐降解

BPA 过程中水样的生物毒性随反应时间的延长呈先升高后降低的趋势，其规律与高铁酸盐降解 TBBPA 反应体系一致；相同试验条件下，高铁酸盐对 BPA 降解过程中的毒性控制效果弱于对 TBBPA 的控制。

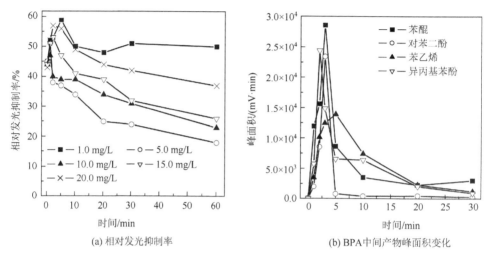

(a) 相对发光抑制率　　　　　(b) BPA中间产物峰面积变化

图 4-25　高铁酸盐降解 BPA 过程中的毒性研究

BPA 相对于 TBBPA 具有更强的急性毒性效应，1 mg/L BPA 对发光细菌的相对发光抑制率高达 45%，远大于 1 mg/L TBBPA 对发光细菌的相对发光抑制率（约 10%）。反应开始后，水样的相对发光抑制率在 5 min 内迅速升高，最大值可达 59%，说明水样的急性生物毒性增强；随着反应时间的延长，水样的相对发光抑制率逐渐降低，但在高铁酸盐浓度为 1.0～20 mg/L 时，反应 60 min 后水样的相对发光抑制率仍大于 18%，说明高铁酸盐对 BPA 的毒性控制相对于 TBBPA 较弱。分析原因可能是在 BPA 降解过程中生成了毒性更强的中间产物，GC-MS/MS 检测结果显示，在 BPA 降解过程中生成了苯醌、对苯二酚、苯乙烯、异丙基苯酚。毒理学数据表明这些中间产物的鼠类半数致死浓度 LD_{50} 分别为 25 mg/kg、245 mg/kg、316 mg/kg、875 mg/kg，远远低于 BPA 的 LD_{50} 2400 mg/kg 和 TBBPA 的 LD_{50} 3160 mg/kg，表现出更强的生物毒性。

通过对这四种中间产物进行峰面积的半定量分析，如图 4-25（b）所示，这些物质的含量在反应前 5 min 内迅速增加至最大值，之后随着反应时间的延长这些物质被进一步降解。综上所述，由于更高毒性中间产物的积累及深度降解，在高铁酸盐降解 BPA 反应体系中，水样的生物毒性在反应开始后迅速增强且较 TBBPA 体系高。

4.8　臭氧和高铁酸盐单独氧化工艺的对比研究

本节对比分析了臭氧氧化技术和高铁酸盐氧化工艺对 TBBPA 的降解情况，主要从 TBBPA 降解效能、脱溴水平及溴酸盐生成风险、生物毒性这三方面进行对比，并总结两个单独氧化工艺的优缺点。

4.8.1　TBBPA 降解效能的对比

本节对比考察了臭氧氧化技术和高铁酸盐氧化工艺对 TBBPA 的降解效能，试验在不同摩尔浓度的氧化剂投量和不同溶液初始 pH 条件下进行，结果如图 4-26 所示。从图 4-26 可以看出，在相同摩尔浓度条件下，与臭氧氧化技术相比，高铁酸盐氧化工艺对 TBBPA 具有更强的降解效能；且高铁酸盐氧化工艺对 pH 的适应性更强。

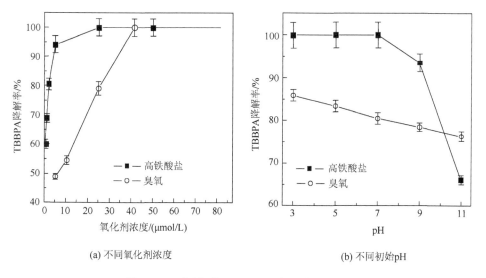

(a) 不同氧化剂浓度　　　　　　　　(b) 不同初始pH

图 4-26　不同条件下 TBBPA 降解效能的对比

如图 4-26（a）所示，当臭氧与高铁酸盐浓度均为 5.1 μmol/L 时，对 TBBPA 的降解率分别为 48.9%和 94.2%；当两者浓度进一步增加至 25.0 μmol/L 时，高铁酸盐氧化工艺已能将 TBBPA 完全降解，而臭氧氧化技术对 TBBPA 的降解率仅为 79.2%；而臭氧浓度升高至 41.7 μmol/L 时才能实现 TBBPA 的完全脱除。高铁酸盐氧化工艺较强的除污效能归因于以下两方面：一是高铁酸盐的氧化还原电位（2.20 V）高于臭氧的氧化还原电位（2.08 V），表现出更强的氧化性能；二是高铁酸盐在氧化过程中，自身将还原生成多价态的含铁化合物，如 Fe^{5+}、Fe^{4+}、Fe^{3+}、Fe^{2+}等，其中，Fe^{5+}、Fe^{4+}对目标污染物也有一定降解，因此，在相同摩尔浓度下高铁酸盐对 TBBPA 表现出更强降解效能。

如图 4-26（b）所示，相对于臭氧氧化技术，高铁酸盐氧化工艺对溶液 pH 的适应性较强，在较宽的 pH 范围内（3～9）对 TBBPA 均具有更强的降解效能。当氧化剂浓度均为 25.00 μmol/L，溶液初始 pH 为 3～7 时，高铁酸盐氧化工艺均能完全降解 TBBPA，而臭氧氧化技术对 TBBPA 的降解率从 85.9%逐渐降低至 80.5%。当 pH 升高至 9 时，臭氧和高铁酸盐对 TBBPA 的降解率分别下降至 78.4%和 93.5%。只有在更高碱性环境下（pH = 11），臭氧对 TBBPA 的降解率才高于高铁酸盐氧化工艺。分析原因可知相对于臭氧分子，高铁酸盐分子在不同 pH 条件下的组分更复杂，主要包括 $H_3FeO_4^+$、H_2FeO_4、$HFeO_4^-$、FeO_4^{2-}，其中 pH 为 3.5～7.23 和 pH ＞7.23 时其主要组分分别为 $HFeO_4^-$ 和 FeO_4^{2-}，两者均具有较强的氧化性且 $HFeO_4^-$ 更强，因此高铁酸盐氧化工艺在较宽 pH 范围均具有较强除污效果。

4.8.2　脱溴水平及溴酸盐生成风险的对比

本节主要对比考察了臭氧和高铁酸盐氧化工艺在降解 TBBPA 过程中的脱溴水平及溴酸盐生成风险，结果如图 4-27 所示。

从图 4-27 可以看出，相对于高铁酸盐氧化工艺，臭氧氧化技术降解 TBBPA 过程中在相同溶液初始 pH 条件下具有更高的脱溴水平；氧化剂浓度的增加有利于缩小两种氧化工艺脱溴率之间的差距。

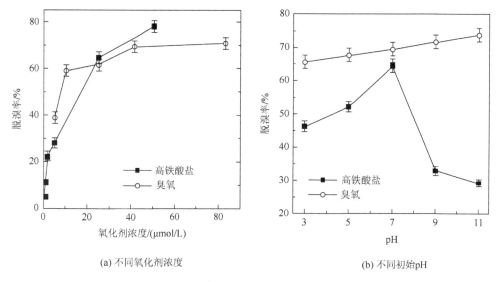

(a) 不同氧化剂浓度　　　　　　　　(b) 不同初始pH

图 4-27　不同条件下 TBBPA 脱溴水平的对比

如图 4-27（a）所示，当氧化剂浓度较低时，尽管高铁酸盐对 TBBPA 的降解率较臭氧高，但其对 TBBPA 的脱溴率比臭氧低，当氧化剂浓度均为 5.1 μmol/L 时，臭氧和高铁酸盐对 TBBPA 的脱溴率分别为 38.9%和 28.1%。这可能是由于臭氧和高铁酸盐对 TBBPA 分子结构的攻击键位具有选择性，虽然两者均优先攻击连接两个苯环的 C—C 键，但臭氧对 C—Br 键的攻击可能优于高铁酸盐，因此表现出更强的脱溴能力。随着 TBBPA 达到完全脱除及氧化剂浓度的增加，高铁酸盐的脱溴率逐渐缩小与臭氧的差距甚至超越臭氧，当氧化剂浓度均为 25.25 μmol/L 时，臭氧与高铁酸盐对 TBBPA 的脱溴率分别为 61.7%和 64.6%。

在氧化剂浓度均为 25.25 μmol/L 条件下，考察两个单独氧化工艺在不同初始 pH 下对 TBBPA 的脱溴情况，如图 4-27（b）所示。结果表明，在所考察的 pH 范围内（3～11），高铁酸盐氧化工艺对 TBBPA 的脱溴率均低于臭氧氧化技术；且臭氧氧化技术对 pH 的适应性更强。

第 3 章和第 4 章的研究表明，高铁酸盐不能将游离溴离子氧化成溴酸盐，而臭氧虽然具有较高的脱溴水平，但同时也存在副产物溴酸盐的生成风险。臭氧浓度为 41.7 μmol/L 时，其已能将 TBBPA 完全脱除，但同时溴酸盐生成量高达 24.9 μmol/L；且在 pH 为 3～11 内溴酸盐生成量呈升高趋势，从 12.3 µmol/L 增加至 30.2 µmol/L。因此，对于单独高铁酸盐氧化工艺，需提高低浓度氧化剂下的脱溴水平；对于单独臭氧氧化技术，需控制降解过程中溴酸盐的生成问题。

4.8.3　生物毒性的对比

从前面的研究可知，臭氧氧化技术和高铁酸盐氧化工艺在降解低浓度（0.15 mg/L）的 TBBPA 过程中，其生物毒性的变化规律相似，两者对 TBBPA 降解过程中的急性毒性、慢性毒性均有显著的控制效果；且高铁酸盐氧化工艺对急性毒性的控制能力与臭氧氧化技术持平，对慢性毒性的控制能力优于臭氧氧化技术。

为了与上述 TBBPA 降解效能、脱溴水平及溴酸盐生成风险对比相一致，本节进一步将 TBBPA 浓度增加为 1 mg/L，氧化剂浓度分别选择 10.0 µmol/L 和 25.0 µmol/L，以发光细菌为指示对象，对比考察臭氧氧化技术和高铁酸盐氧化工艺在降解 TBBPA 过程中生物毒性变化情况，结果如图 4-28 所示。

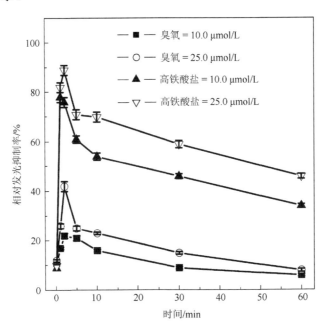

图 4-28　生物毒性对比研究

与低浓度 TBBPA 降解过程相似,高浓度的 TBBPA 在被降解过程中水样的生物毒性也呈先升高后降低的趋势。通过对比可知,高铁酸盐氧化工艺中水样的生物毒性比臭氧氧化技术中的毒性高很多。在臭氧氧化技术中,浓度分别为 10.0 μmol/L 和 25.0 μmol/L 的臭氧在降解 TBBPA 过程中,其最大相对发光抑制率分别达到 22% 和 42%;而在高铁酸盐氧化工艺中,其最大相对发光抑制率高达 78% 和 89%。其原因可能是高铁酸盐对 TBBPA 具有较低的脱溴率,反应过程中生成更多、更复杂的更高毒性中间产物;而臭氧对 TBBPA 的脱溴能力较强,因此高毒性低溴中间产物生成得更少,表现出较低的毒性。

4.8.4　单独氧化工艺的优缺点

通过综合对比分析,可以总结单独的臭氧氧化技术和高铁酸盐氧化工艺在降解 TBBPA 过程中存在的优缺点。

(1)在相同摩尔浓度下,高铁酸盐对 TBBPA 表现出比臭氧更强的降解效能。

(2)低浓度的高铁酸盐对 TBBPA 的脱溴水平相对较低,导致反应过程中的生物毒性较高;随着氧化剂浓度增加其脱溴水平与臭氧体系的差距缩小,但高铁酸盐具有较高的药剂成本。

(3)臭氧对 TBBPA 具有较高的脱溴水平,但同时也导致了较高的副产物溴酸盐生成风险。

(4)两种单独氧化工艺在降解 TBBPA 过程中均生成更高毒性的中间产物,导致生物毒性均有升高的趋势,这也是单独氧化工艺存在的不足。

由此可见,虽然单独氧化工艺均能实现对 TBBPA 的有效降解,但各自均存在不足,不能同时实现对 TBBPA 的高效降解、高脱溴水平和对副产物溴酸盐及有毒中间产物的控制,而这些不足均有可能导致反应过程中的生物毒性升高,因此,仅以目标污染物的脱除为目的并不能充分作为 TBBPA 降解技术的选择依据。

4.9　本　章　小　结

本章系统研究了高铁酸盐氧化工艺对 TBBPA 的降解情况，首先探究了高铁酸盐降解 TBBPA 的反应动力学，研究了不同因素对高铁酸盐降解 TBBPA 的效能影响，包括高铁酸盐浓度、温度、TBBPA 初始浓度及水中共存物质等，总结了该降解反应的规律。然后分析了高铁酸盐对 TBBPA 的脱溴水平，并对 TBBPA 中间产物及矿化情况进行了分析；在此基础上提出了高铁酸盐降解 TBBPA 的反应途径，并利用量子化学计算从理论上分析了反应机理。最后，对反应过程中的毒性进行控制，包括急性毒性控制、慢性毒性控制、有毒中间产物 2,6-二溴苯酚和 BPA 的降解及毒性控制。针对以上研究，本章获得的主要结论如下。

（1）高铁酸盐对 TBBPA 的降解是一个快速高效的反应过程，反应符合二级表观反应动力学模型。高铁酸盐浓度的增加和适当升高温度有利于对 TBBPA 的降解，而溶液初始 pH 和 TBBPA 初始浓度的升高使其降解率下降。Cu^{2+}、PO_4^{3-} 对高铁酸盐降解 TBBPA 具有一定的促进作用，Fe^{3+} 浓度的增加，HCO_3^-、NH_4^+ 和 NOM 的存在不利于 TBBPA 的降解。

（2）当高铁酸盐浓度为 1 mg/L 时，经 30 min 接触氧化其对 1 mg/L TBBPA 的平均脱溴率为 30%，略低于臭氧对 TBBPA 的脱溴率，但整个反应过程中均无溴酸盐生成风险。脱溴率随着氧化剂浓度的增加和反应时间的延长而逐渐升高，当高铁酸盐投加浓度增加至 5.0 mg/L，脱溴率高达 64.7%。升高溶液初始 pH、过度提高温度和增加 TBBPA 初始浓度均不利于脱溴率的提高。

（3）利用 GC-MS/MS 对有机中间产物进行定性分析确定了 7 个中间产物，且以低溴类有机物为主。反应途径推测及量子化学计算分析表明，与臭氧氧化技术类似，高铁酸盐降解 TBBPA 反应也历经了加成和氢抽提反应、逐级氧化脱溴和去质子化途径。

（4）毒性控制研究表明，随着 TBBPA 降解反应的进行，水样的急性毒性和慢性毒性均呈先升高后降低的趋势。随着氧化剂浓度的增加和反应时间的延长，高铁酸盐氧化工艺对急性毒性的控制水平与臭氧氧化技术持平，对慢性毒性的控制水平优于臭氧氧化技术；其对有毒中间产物 2,6-二溴苯酚和 BPA 也具有显著的降解和毒性控制效能。

（5）单独的臭氧氧化技术和高铁酸盐氧化工艺均拥有各自的优缺点，高铁酸盐对 TBBPA 具有更强的降解效果，但其相对较低的脱溴水平导致了更高的生物毒性；臭氧具有更强的脱溴能力，但同时也带来了副产物溴酸盐的生成风险。

第5章　高铁酸盐-臭氧联用工艺降解四溴双酚 A 的效能与机理

从第 3 章和第 4 章的研究结果表明，单独的氧化工艺均对 TBBPA 具有良好的降解效果。然而，两者又存在一定的内在缺陷：臭氧虽然具有较高的脱溴水平，但同时也带来了溴酸盐生成风险；高铁酸盐无溴酸盐生成风险，但其脱溴能力在低氧化剂浓度条件下却不敌臭氧，且高铁酸盐的药剂成本要远大于臭氧；同时，两个单独氧化工艺在降解 TBBPA 过程中均生成更高毒性的中间产物，不利于对毒性的控制。因此，本章进一步研究利用联用工艺降解 TBBPA，同步实现对脱溴水平、副产物溴酸盐及生物毒性的控制。

已有研究证明，臭氧与高铁酸盐在灭菌方面具有协同作用，可提高氧化效率，其主要原因是高铁酸盐在水溶液中的还原中间产物，如水合铁离子、水合铁氧化物及羟基氧化铁等物质均对臭氧具有催化作用，从而生成具有更强活性的·OH[5]。本章分别从 TBBPA 降解效能、脱溴水平、溴酸盐生成风险和生物毒性变化情况等方面，通过与单独氧化工艺进行对比，总结高铁酸盐-臭氧联用工艺的优势；从氧化剂投加顺序、氧化剂投加浓度、pH 方面优化高铁酸盐-臭氧联用工艺，总结优化效果；在研究联用工艺对污染物协同去除、溴酸盐和生物毒性控制的基础上，分析并提出高铁酸盐-臭氧联用工艺的机理。

5.1　高铁酸盐-臭氧联用工艺的优势研究

鉴于对高铁酸盐和臭氧联用工艺已有少量的报道，且两者之间存在一定的协同效能，本节进一步研究高铁酸盐-臭氧联用工艺，在高效降解TBBPA 的同时，拟解决臭氧氧化技术中副产物溴酸盐的生成风险问题和高铁酸盐氧化工艺中低脱溴水平、高毒性变化问题，为处理含 TBBPA 废水提供更多的理论和技术支撑。

本节通过将高铁酸盐-臭氧联用工艺与单独的氧化工艺进行对比，主要包括对 TBBPA 的协同高效降解、对脱溴率的提高、对副产物溴酸盐的控制、对生物毒性的控制这四方面，总结高铁酸盐-臭氧联用工艺的优势所在，为进一步的工艺优化做准备。

5.1.1　联用工艺对 TBBPA 的协同高效降解

本节首先对比考察了联用工艺与单独氧化工艺对 TBBPA 的降解及矿化效果，试验条件：TBBPA 初始浓度为 1 mg/L，臭氧和高铁酸盐投加浓度分别为 0.05 mg/L 和 0.10 mg/L，溶液初始 pH 为 7.0，温度为（25±0.5）℃，氧化剂采用同时投加方式，结果如图 5-1 所示。

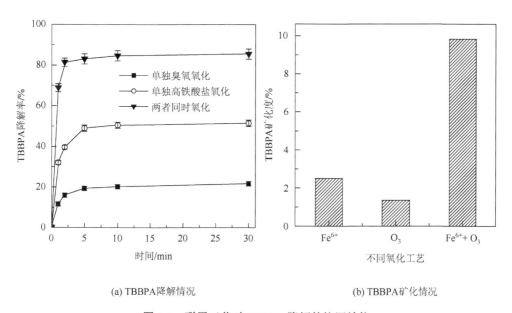

(a) TBBPA降解情况　　　　　　　(b) TBBPA矿化情况

图 5-1　联用工艺对 TBBPA 降解的协同效能

从图 5-1（a）可以看出，高铁酸盐-臭氧联用工艺对 TBBPA 的降解具有一定的协同效应。反应 1 min 后，0.05 mg/L 的臭氧和 0.10 mg/L 的高铁酸盐对 TBBPA 的降解率分别为 11.7%和 32.0%，而两者同时作用时对

TBBPA 的降解率为 68.9%，大于简单的单独氧化工艺对 TBBPA 降解之和（43.7%）；而经 30 min 接触反应后，臭氧、高铁酸盐及联用工艺对 TBBPA 的降解率分别为 21.6%、51.5% 和 85.5%，联用工艺对 TBBPA 的降解效果依然远大于单独氧化工艺效果之和（73.1%）。由此可见，相对于单独氧化工艺，联用工艺在降解 TBBPA 方面更加高效，具有一定的协同效应。该协同效应还表现在对 TBBPA 的矿化度上，如图 5-1（b）所示，0.05 mg/L 的臭氧和 0.10 mg/L 的高铁酸盐对 TBBPA 的矿化度分别为 1.4% 和 2.5%，而两者联用时对 TBBPA 的矿化度高达 9.8%，远高于单独氧化工艺矿化度之和（3.9%），具有显著的协同效应。

初步分析原因可知，联用工艺的协同效应可归结于两个氧化剂之间的相互化学反应，使各自的氧化效率得到提高：一方面，已有研究证明[5]，高铁酸盐在反应过程中的还原中间产物如水合铁离子、水合铁氧化物及羟基氧化铁等物质能催化臭氧生成更多的 ·OH，从而有利于降解反应；另一方面，高铁酸盐的还原中间产物（Fe^{3+} 或 Fe^{2+}）也可被反应体系中的自由基类物质（如 O_2^-）氧化生成高价态的含铁氧化剂（Fe^{5+}），对 TBBPA 可进一步降解[142]。另外，臭氧和高铁酸盐均是较强的氧化剂，两者均具有较高的氧化势能，因此，联用工艺的协同效应也可能是臭氧和高铁酸盐氧化势能的叠加结果。

5.1.2 联用工艺对 TBBPA 的高脱溴水平

在考察了高铁酸盐-臭氧联用工艺对 TBBPA 的协同高效降解的基础上，本节继续对比考察了联用工艺对 TBBPA 的脱溴率，拟解决高铁酸盐在低浓度时对 TBBPA 较低的脱溴率问题，结果如图 5-2 所示。

从图 5-2 可知，相对于单独氧化工艺，高铁酸盐-臭氧联用工艺具有较高的脱溴水平。反应开始 1 min 后，臭氧和高铁酸盐单独氧化工艺在降解 TBBPA 过程中脱溴率分别为 5.4% 和 2.3%，相应的联用工艺对 TBBPA 的脱溴率为 8.2%，比单独氧化工艺的脱溴率之和（7.7%）略高；反应 30 min 后，臭氧和高铁酸盐两单独反应体系中的脱溴率分别达到 10.7% 和 5.7%，相应的联用工艺中脱溴率达到 15.6%，与单独氧化工艺的脱溴率之和（16.4%）较接近。高铁酸盐-臭氧联用工艺在高效降解 TBBPA 的同时，依然可保持较高的脱溴水平，解决了单独高铁酸盐低脱溴水平的问题。

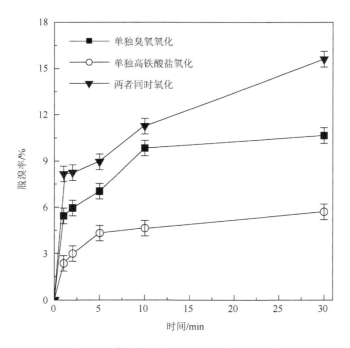

图 5-2　联用工艺对 TBBPA 脱溴率的提高

5.1.3　联用工艺对遗传毒物溴酸盐的高效控制

本节进一步考察了高铁酸盐-臭氧联用工艺对臭氧氧化中溴酸盐的控制作用，将 1 mg/L 的高铁酸盐分别与 0.75 mg/L、1.5 mg/L、2.0 mg/L、2.5 mg/L、4.0 mg/L 的臭氧进行联用，同时对 TBBPA 进行降解，同步检测反应过程中的溴酸盐生成情况。单独的臭氧氧化技术具有较高的溴酸盐生成风险，当臭氧浓度从 1.2 mg/L 增加至 4.0 mg/L 时，在降解 TBBPA 过程中生成的溴酸盐从 7.6 μg/L 逐渐增加至 80.5 μg/L；而在高铁酸盐-臭氧联用工艺中均无溴酸盐检出，即不存在溴酸盐生成风险。总结可知，高铁酸盐-臭氧联用工艺在高效降解 TBBPA 并保持高脱溴水平的同时，对臭氧氧化副产物溴酸盐具有高效的控制作用（具体的溴酸盐控制效果研究见 5.4 节）。

5.1.4 联用工艺对生物毒性的有效控制

本节控制臭氧与高铁酸盐的投加摩尔浓度均为 10 μmol/L，TBBPA 浓度为 1 mg/L，溶液初始 pH 为 7.0，温度为（25±0.5）℃，对比考察了臭氧、高铁酸盐及两者联用工艺在降解 TBBPA 过程中的生物毒性，结果如 图 5-3 所示。

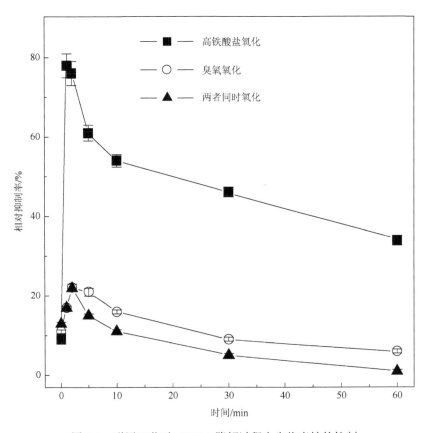

图 5-3 联用工艺对 TBBPA 降解过程中生物毒性的控制

试验结果表明，无论是单独氧化工艺还是联用工艺，在 TBBPA 降解过程中，水样的生物毒性均随着反应时间的延长呈先升高后降低的趋势；相对于单独氧化工艺特别是高铁酸盐氧化工艺，联用工艺中水样的生物毒性更低，表现出更强的生物毒性控制效果。反应开始 2 min 内，水样的相对发光抑制率很快升至最大值，臭氧氧化技术、高铁酸盐氧化工艺及联用工艺的最大相对发光抑制率分别为 78%、22%和 22%；接触反应 60 min 后，三个反应体系的相对发光抑制率分别降低至 34%、6%和 1%。联用工艺对生物毒性更强的控制效果主要是由于其对 TBBPA 的降解具有协同效应，对 TBBPA 的脱溴率较单独氧化工艺高，且对溴酸盐具有高效控制能力，从而使反应过程中水样的生物毒性更低。

综上所述，通过将高铁酸盐-臭氧联用工艺与单独氧化工艺进行对比分析可知，联用工艺在协同高效降解 TBBPA 的同时，具有较高的脱溴水平，且对副产物溴酸盐和生物毒性具有高效控制作用，解决了单独氧化工艺降解 TBBPA 存在的问题。

5.2　高铁酸盐-臭氧联用工艺的条件优化及优化效果

本节进一步对高铁酸盐-臭氧联用工艺的主要条件进行优化，TBBPA 浓度选择为 1 mg/L，以 TBBPA 降解率和脱溴率为表征指标，主要研究优化氧化剂投加顺序、氧化剂投加浓度及溶液初始 pH 三方面，并对优化后联用工艺控制生物毒性效果进行研究。

5.2.1　氧化剂投加顺序的优化

在高铁酸盐-臭氧联用工艺降解 TBBPA 过程中，氧化剂的投加顺序可能直接影响对 TBBPA 的降解效果，因此，需对氧化剂投加顺序进行优化和确定。前面对联用工艺的研究均是在臭氧和高铁酸盐同时投加条件下进行的，本节进一步考察不同预氧化方式，包括臭氧预氧化和高铁酸盐预氧化，其中臭氧和高铁酸盐的浓度选择为 0.05 mg/L 和 0.10 mg/L，预氧化时间分别为 1 min、2 min、5 min、10 min，反应 30 min 后取水样进行检测，结果如图 5-4 所示。

从图 5-4 可以看出，采用高铁酸盐预氧化方式时，联用工艺对 TBBPA 的降解和脱溴能力均优于采用臭氧预氧化方式。当采用臭氧预氧化时，TBBPA 的降解率呈下降趋势，臭氧预氧化时间从 1 min 增加至 10 min，联

用工艺对 TBBPA 的降解率从 84.9%逐渐降低至 73.2%；而脱溴率则在 11.5%
上下波动。当采用高铁酸盐预氧化时，联用工艺对 TBBPA 的降解率和脱
溴率均呈先升高后降低的趋势,高铁酸盐预氧化时间从 1 min 增加至 3 min，
联用工艺对 TBBPA 的降解率从 84.4%增加至 91.4%，而相应的脱溴率从
13.0%增加至 13.5%；当继续增加高铁酸盐预氧化时间至 10 min 时，TBBPA
的降解率下降至 76.6%，且脱溴率也下降至 11.5%。

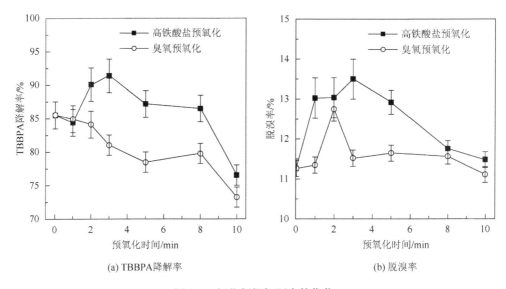

(a) TBBPA降解率　　　　　　　　　　　(b) 脱溴率

图 5-4　氧化剂投加顺序的优化

　　如 5.2.1 节所述，高铁酸盐-臭氧联用工艺两个氧化剂之间具有协同效
应，且可能由于两个氧化剂之间发生了一些化学反应，包括高铁酸盐还原
中间产物对臭氧的催化作用、臭氧生成的氧自由基将低价态铁化合物氧化
为高价态铁化合物，从而进一步参与氧化反应等。采用臭氧预氧化，催化
作用减弱，且相对于氧化无机铁化合物，臭氧可能更倾向选择氧化水中的
有机物，因此联用工艺对 TBBPA 的降解效果不理想。采用高铁酸盐预氧
化，两个氧化剂之间可充分相互作用使协同效应增强；但高铁酸盐预氧化
时间过长，两个氧化剂之间的催化作用减弱，联用工艺协同效应减弱。

　　综上所述，高铁酸盐-臭氧联用工艺选择高铁酸盐预氧化方式，且预氧
化时间定为 3 min 时较优。

5.2.2 氧化剂投加浓度的优化

本节采用高铁酸盐预氧化方式进行试验，对高铁酸盐-臭氧联用工艺中两个氧化剂的投加浓度进行优化研究。

1. 高铁酸盐投加浓度的优化

本节首先对预氧化的高铁酸盐投加浓度进行优化，其中臭氧投加浓度暂时选择 0.05 mg/L，高铁酸盐的投加浓度分别为 0.1 mg/L、0.2 mg/L、0.5 mg/L、1.0 mg/L，溶液初始 pH 为 7.0，温度为（25±0.5）℃，结果如图 5-5 所示。

从图 5-5 可以看出，高铁酸盐浓度的增加有利于联用工艺对 TBBPA 的降解及对脱溴率的提高。如图 5-5（a）所示，随着高铁酸盐投加浓度从 0.1 mg/L 增加至 0.2 mg/L，联用工艺对 TBBPA 的降解率从 90.1%逐渐增加至 95.7%；当继续增加至 0.5 mg/L 时，经 30 min 接触氧化联用工艺可将 TBBPA 完全脱除；高铁酸盐浓度为 1.0 mg/L 时，联用技术完全去除 TBBPA 时间缩短至 10 min。如图 5-5（b）所示，当高铁酸盐浓度从 0.1 mg/L 逐渐增加至 1.0 mg/L 时，TBBPA 降解过程中生成的游离溴离子浓度从 70.9 μg/L

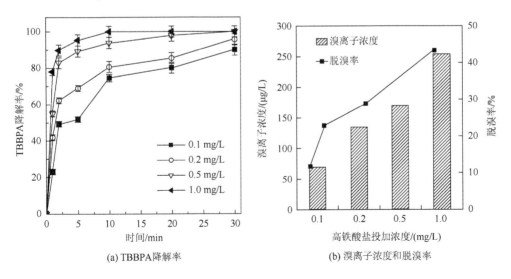

(a) TBBPA降解率　　　　　(b) 溴离子浓度和脱溴率

图 5-5　高铁酸盐投加浓度的优化

增加至 254.6 μg/L，对应的脱溴率从 12.1%提高到 43.3%。鉴于高铁酸盐经济成本较高，且高铁酸盐在较低浓度条件下（0.1 mg/L）对 TBBPA 具有显著的降解效果，选择高铁酸盐-臭氧联用工艺中氧化剂高铁酸盐的浓度为 0.1 mg/L。

2. 臭氧投加浓度的优化

本节进一步对联用工艺中臭氧的投加浓度进行优化，其中高铁酸盐浓度选择 0.1 mg/L，臭氧投加浓度分别为 0.1 mg/L、0.5 mg/L、1.0 mg/L、2.0 mg/L、4.0 mg/L，溶液初始 pH 为 7.0，温度为（25±0.5）℃，结果如图 5-6 所示。

从图 5-6 可以看出，当臭氧浓度从 0.1 mg/L 增加至 0.5 mg/L 时，联用工艺对 TBBPA 的降解率从 90.1%逐渐增加至 93.5%，游离溴离子的浓度从 112.6 μg/L 增加至 233.0 μg/L，对应的脱溴率从 19.1%提高到 39.6%；当臭氧浓度继续增加至 1.0 mg/L 时，联用工艺只需 10 min 即可 100%降解 TBBPA，且游离溴离子浓度高达 504.1 μg/L，具有较高的脱溴率（85.7%）；当臭氧浓度增加到 4.0 mg/L 时，虽然可进一步提高脱溴率至 91.0%，但此时副产物溴酸盐被检出，含量高达 25.22 μg/L。综合分析联用工艺对 TBBPA 的降解率、脱溴率及副产物溴酸盐生成风险，选择臭氧投加浓度为 1.0 mg/L。

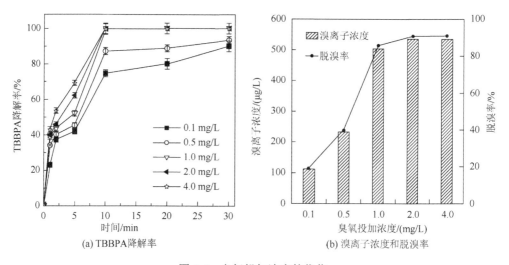

(a) TBBPA降解率　　　　　　　(b) 溴离子浓度和脱溴率

图 5-6　臭氧投加浓度的优化

5.2.3　pH 的优化

由于溶液初始 pH 对高级氧化体系影响较大，本节重点优化考察了联用工艺对溶液初始 pH 的适应性，试验条件为：TBBPA 的浓度为 1 mg/L，高铁酸盐和臭氧的投加浓度分别为 0.1 mg/L 和 1.0 mg/L，溶液初始 pH 考察范围为 5.0～10.0，温度为（25±0.5）℃，结果如图 5-7 所示。

总体而言，高铁酸盐-臭氧联用工艺对溶液初始 pH 具有较强的适应性。从 TBBPA 降解情况看，当溶液初始 pH 从 5.0 升高至 9.0 时，联用工艺均能在 10 min 内将 TBBPA 完全去除；pH 继续升高至 10.0 时，TBBPA 的降解率稍微有所降低，但仍保持在 98.0%。联用工艺对 TBBPA 的降解反应速率随着溶液初始 pH 的升高而逐渐减小，这可能是由于随着 pH 的升高，高铁酸盐的还原中间产物生成速率变慢，从而对臭氧的催化效率降低，导致联用工艺与 TBBPA 的反应速率减小。从 TBBPA 降解过程中的脱溴情况看，在整个 pH 考察范围内（5.0～10.0），联用工艺对 TBBPA 的脱溴率均保持较高的水平（89.9%～95.0%）。综合考虑，联用工艺较适宜的溶液初始 pH 选择为 7.0，此时 TBBPA 的降解率和脱溴率分别为 100% 和 91.3%。

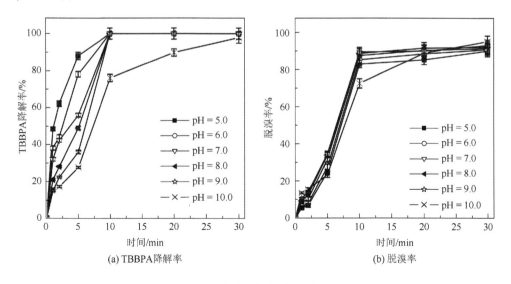

(a) TBBPA降解率　　　　　(b) 脱溴率

图 5-7　初始 pH 的优化

5.2.4 联用工艺优化后对生物毒性的控制效果

本节进一步考察了优化后的高铁酸盐-臭氧联用工艺在降解 TBBPA 过程中的生物毒性控制情况，包括急性毒性和慢性毒性，并与单独的臭氧氧化技术和高铁酸盐氧化工艺进行对比，其主要试验条件：TBBPA 的浓度为 1 mg/L，高铁酸盐和臭氧的投加浓度分别为 0.1 mg/L 和 1.0 mg/L，溶液初始 pH 为 7.0，温度为（25±0.5）℃，反应时间延长至 120 min，结果如图 5-8 所示，可以看出，优化后的高铁酸盐-臭氧联用工艺对反应过程中产生的急性毒性和慢性毒性均具有更强的控制效果。

急性毒性方面[图 5-8（a）]，反应 10 min 后，单独氧化工艺对发光细菌的相对发光抑制率从分别 10%增加至 22%和 23%，但高铁酸盐-臭氧联用工艺对应的相对发光抑制率仅为 11%，说明联用工艺的生物毒性远低于单独氧化工艺。反应进行到 30 min 时，联用工艺对发光细菌的相对发光抑制率已减少至 7%，生物毒性低于初始 TBBPA 毒性；而单独氧化工艺对应的相对发光抑制率仍然分别高达 16%和 18%，表现出相对较高的毒性。继

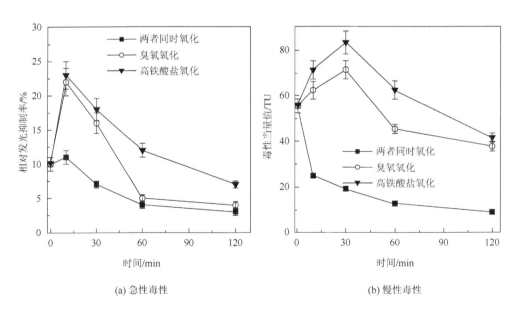

(a) 急性毒性　　　　　　　　　　　　(b) 慢性毒性

图 5-8　优化后的生物毒性变化情况

续延长反应时间考察单独氧化工艺对毒性的控制发现，臭氧氧化技术和高铁酸盐氧化工艺将毒性控制低于初始值分别需要 60 min 和 120 min。以上结果表明，相对于单独氧化工艺，优化后的高铁酸盐-臭氧联用工艺在降解 TBBPA 过程中急性毒性更低，控制毒性需要的反应时间更短，具有较强的急性毒性控制能力。

慢性毒性方面[图 5-8（b）]，反应开始前，1 mg/L 的 TBBPA 对大型溞的 14 d 慢性毒性效应高达 55.6 TU。单独氧化工艺反应 30 min 后产生的慢性毒性升高至最大值，分别为 71.4 TU 和 83.3 TU；反应 120 min，慢性毒性逐渐减少至 37.9 TU 和 41.7 TU，毒性控制率分别为 31.8% 和 25.0%。优化后的高铁酸盐-臭氧联用工艺在降解 TBBPA 过程中产生的慢性毒性逐渐降低（中间无升高趋势），反应 30 min 时慢性毒性减少至 19.2 TU，毒性控制率达到 65.5%；反应 120 min 后慢性毒性减少至 8.9 TU，毒性控制率高达 84.0%。相对于单独氧化工艺，联用工艺表现出对慢性毒性更快、更强的控制效果。

5.2.5　联用工艺优化后对 TBBPA 的矿化度

本节进一步考察了优化后的高铁酸盐-臭氧联用工艺对 TBBPA 的矿化度，并与单独的臭氧氧化技术和高铁酸盐氧化工艺进行对比，其主要试验条件：TBBPA 的浓度为 1 mg/L，高铁酸盐和臭氧的投加浓度分别为 0.1 mg/L 和 1.0 mg/L，溶液初始 pH 为 7.0，温度为（25±0.5）℃，反应时间为 60 min，结果如图 5-9 所示。

从图 5-9 可以看出，优化后的高铁酸盐-臭氧联用工艺在高效降解 TBBPA 的同时，对其的矿化程度也大幅提高。在单独氧化工艺中，0.1 mg/L 的高铁酸盐和 1.0 mg/L 的臭氧对 TBBPA 的矿化度分别为 2.7% 和 51.3%。优化后的高铁酸盐-臭氧联用工艺对 TBBPA 的矿化度高达 80.5%，远大于两种单独氧化工艺矿化度之和（54.0%），再次表现出较强的协同效应；联用工艺对 TBBPA 的高矿化度也间接解释了其对生物毒性的高效控制效果。

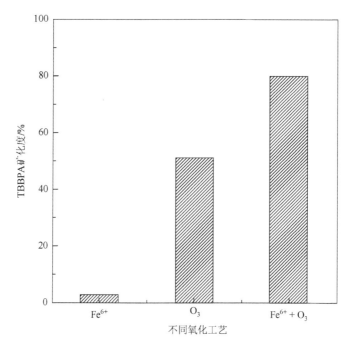

图 5-9　优化后对 TBBPA 的矿化情况

5.3　高铁酸盐-臭氧联用工艺对溴酸盐的控制效果研究

前期研究证明，高铁酸盐-臭氧联用工艺既能对 TBBPA 的降解和矿化具有协同效能，同时能有效提高降解过程中 TBBPA 的脱溴水平，并对反应后水样的生物毒性具有良好的控制作用。另外，联用工艺还有一个比较显著的优势，即对臭氧氧化副产物溴酸盐具有良好的控制作用。为了更好地理解高铁酸盐对臭氧氧化副产物溴酸盐的控制效果，本节以含溴离子的模拟废水为考察对象，研究了水质条件对联用工艺控制溴酸盐效果的影响，并与现有的控制工艺进行对比，总结了高铁酸盐-臭氧联用工艺在控制溴酸盐方面的优势。

溴酸盐控制试验步骤：反应开始时，先将一定浓度的高铁酸钾溶液与溴离子溶液均匀混合反应 3 min，然后根据浓度需要投加一定体积的臭氧水，使反应体系总体积为 500 mL。相隔一定时间从反应锥形瓶中取出 20 mL 水样，并立即用氮气吹脱 3 min 以终止反应，水样经 0.22 μm 玻璃纤维滤膜过滤以备后续检测分析。

5.3.1　联用工艺对溴酸盐的控制及干扰排除

本节主要对比考察了单独臭氧氧化技术和高铁酸盐-臭氧联用工艺在含溴离子的模拟废水中溴酸盐的生成情况，试验条件：模拟废水中溴离子浓度为 200 μg/L，臭氧投加浓度为 2.5 mg/L，高铁酸盐的投加浓度分别为 0 mg/L、0.5 mg/L、1.0 mg/L，溶液 pH 为 7.0，温度为（25±0.5）℃，结果如图 5-10 所示。

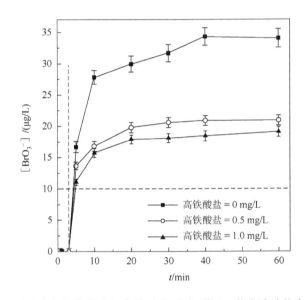

图 5-10　单独臭氧氧化技术与高铁酸盐-臭氧联用工艺中溴酸盐生成情况

从图 5-10 可以看出，高铁酸盐-臭氧联用工艺对臭氧氧化副产物溴酸盐具有明显的控制作用，且控制效果随高铁酸盐投加浓度增加而增强。经 60 min 接触反应，单独的臭氧氧化技术产生的溴酸盐达到 34.1 μg/L；而高铁酸盐投加浓度分别为 0.5 mg/L 和 1.0 mg/L 时的高铁酸盐-臭氧联用工艺产生的溴酸盐浓度分别降低至 20.9 μg/L 和 19.1 μg/L，对溴酸盐的控制率分别为 38.7% 和 44.0%。

在高铁酸盐-臭氧联用工艺中存在一定的干扰物质，分别为高铁酸盐制备时残留的次氯酸盐（ClO^-）、配制高铁酸盐缓冲溶液时的药剂

$Na_2HPO_4/Na_2B_4O_7\cdot 9H_2O$ 和高铁酸盐最终还原产物氢氧化铁（以 Fe^{3+} 表示），本节进一步考察了这些干扰物质的空白试验，试验条件：溴离子浓度为 200 μg/L，臭氧投加浓度为 2.5 mg/L，高铁酸盐投加浓度范围为 0.1～5.0 mg/L，ClO^-、Fe^{3+} [投以 $Fe(OH)_3$] 及缓冲溶液投加摩尔浓度与高铁酸盐一致，溶液初始 pH 为 7.0，温度为 25°C，结果如图 5-11 所示。

从图 5-11 可以看出，高铁酸盐-臭氧联用工艺对溴酸盐的控制作用非常显著。单独臭氧氧化技术中溴酸盐生成浓度为 36.0 μg/L，当高铁酸盐浓度增加至 10.2 μmol/L 时，高铁酸盐-臭氧联用工艺中无溴酸盐检出。而在相同摩尔浓度条件下，ClO^- 和缓冲溶液体系对溴酸盐生成具有一定的促进作用。当摩尔浓度均为 25.0 μmol/L 时，ClO^- 和缓冲溶液体系中溴酸盐生成浓度分别增加至 48.0 μg/L 和 53.2 μg/L，分别是单独臭氧氧化技术中溴酸盐浓度的 1.3 和 1.5 倍。已有研究证明，次氯酸盐可将水中溴离子氧化成溴酸盐[152]；碱性缓冲溶液的存在可提高水中的离子强度和溶液 pH，从而可催化臭氧分解产生更多的羟自由基，有利于生成更多的溴酸盐[153]。因此，次氯酸盐和缓冲溶液对高铁酸盐-臭氧联用工艺控制溴酸盐并无直接贡献作用，可排除干扰。

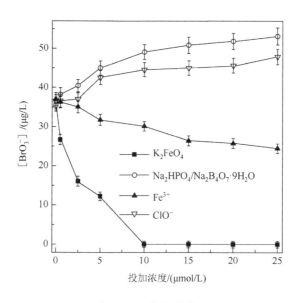

图 5-11　空白试验

Fe(OH)$_3$ 对溴酸盐的生成有一定的控制作用，当投加摩尔浓度为 10.2 μmol/L 时，该体系中溴酸盐浓度减少至 30.2 μg/L，但控制率仅为 16.1%。分析原因可知，该控制作用可能是 Fe(OH)$_3$ 的絮凝作用造成；另外，研究表明，低价态铁系物（如 Fe^{2+}、Fe^{3+} 等）可加速臭氧分子的自分解或对溴酸盐具有还原作用（BrO$_3^-$ + 6Fe^{2+} + 6H$^+$ $\longrightarrow$ Br$^-$ + 6Fe^{3+} + 3H$_2$O），从而导致溴酸盐减少[154]。对比分析可知，Fe(OH)$_3$ 对高铁酸盐 - 臭氧联用工艺控制溴酸盐的贡献并不显著，不是主要原因，亦可排除干扰。

5.3.2　水质条件对联用工艺控制溴酸盐的影响

本节主要考察了在不同水质条件下联用工艺对溴酸盐的控制效果，包括臭氧投加浓度、初始溴离子浓度、温度、碱度等，在各影响因素试验中同步考察了不同高铁酸盐投加浓度对溴酸盐的控制程度。

1. 臭氧投加浓度的影响

在臭氧氧化技术中，臭氧投加浓度对溴酸盐生成浓度具有决定性因素。本节考察了高铁酸盐-臭氧联用工艺在不同臭氧投加浓度条件下对溴酸盐的控制效果，试验条件：溴离子浓度为 200 μg/L，臭氧投加浓度分别为 1.5 mg/L、2.5 mg/L、4.0 mg/L，高铁酸盐的投加浓度范围为 0～5.0 mg/L，溶液 pH 为 7.0，温度为（25±0.5）℃，结果如图 5-12 所示。

从图 5-12（a）可以看出，溴酸盐的生成浓度随臭氧投加浓度的增加而增加，但高铁酸盐-臭氧联用工艺对溴酸盐的控制效果显著，且该效果随高铁酸盐投加浓度的增加而增强。在单独臭氧氧化技术中，当臭氧投加浓度分别为 1.5 mg/L、2.5 mg/L、4.0 mg/L 时，溴酸盐的生成浓度分别达到 12.7 μg/L、42.2 μg/L、58.4 μg/L。由于溴酸盐的生成途径包括臭氧分子直接氧化途径和羟自由基间接氧化途径，臭氧投加浓度的增加促使两种途径生成溴酸盐的效能增强。在高铁酸盐-臭氧联用工艺中，当高铁酸盐投加浓度仅为 0.5 mg/L 时，其对臭氧投加浓度分别为 1.5 mg/L、2.5 mg/L 和

4.0 mg/L 时的溴酸盐控制率分别达到 68.8%、55.3%和 23.2%。随着高铁酸盐投加浓度的增加，这种控制效果逐渐增强。当高铁酸盐投加浓度增加至 2.0 mg/L 时，联用工艺已能完全控制臭氧投加浓度为 1.5 mg/L 和 2.5 mg/L 时产生的溴酸盐，对臭氧投加浓度 4.0 mg/L 产生的溴酸盐控制率达到 39.1%，且该水平在高铁酸盐投加浓度为 5.0 mg/L 时增加至 76.2%。

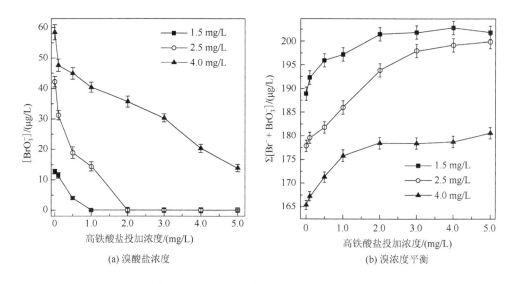

(a) 溴酸盐浓度　　　　　　　　　　(b) 溴浓度平衡

图 5-12　臭氧投加浓度对控制溴酸盐的影响

进一步对溴浓度平衡进行分析，即将反应体系中游离溴离子和溴酸盐加和（即 $\sum[Br^- + BrO_3^-]$）与初始溴离子浓度（200 μg/L）进行对比，如图 5-12（b）所示，则两者之间的差距即为溴酸盐的中间产物，如 HBrO、OBr⁻、BrO_2^-、Br·、BrO·、BrO₂·等，其中，HBrO 和 OBr⁻被证明是两个主要的中间产物[155]。分析可知，虽然随着臭氧投加浓度从 1.5 mg/L 增加至 4.0 mg/L，$\sum[Br^- + BrO_3^-]$ 从 188.9 μg/L 逐渐减少至 165.3 μg/L，与溶液初始溴离子浓度之间的差距越来越大，即更多的溴离子被氧化成溴酸盐中间产物。随着高铁酸盐投加浓度的增加，$\sum[Br^- + BrO_3^-]$ 越来越接近初始溴离子浓度，对于臭氧投加浓度为 1.5 mg/L，当高铁酸盐投加浓度为 2.0 mg/L 时，$\sum[Br^- + BrO_3^-]$ 已经达到 200 μg/L；对于臭氧投加浓度为 2.5 mg/L，当高铁酸盐投加浓度为 3.0 mg/L 时，$\sum[Br^- + BrO_3^-]$ 达到 198.1 μg/L。分析原因可知，高铁酸盐-臭氧联用工艺对溴酸盐的控制途径可能包括以下两方面：一是溴酸盐生成途径受阻；二是反应过程中溴酸盐或其中间产物被还原成游离溴离子。

2. 初始溴离子浓度的影响

研究证明，当水体中溴离子浓度超过 50 μg/L 时，臭氧氧化技术中副产物溴酸盐将会产生，因此，溴离子浓度也是溴酸盐的生成量的关键性因素[156]。因此，为了考察初始溴离子浓度对于联用工艺控制溴酸盐的影响，将溴离子浓度考察范围设为 100～1500 μg/L，臭氧浓度为 2.5 mg/L，其他试验条件：高铁酸盐的投加浓度范围为 0～5.0 mg/L，溶液 pH 为 7.0，温度为（25±0.5）℃，结果如图 5-13 所示。

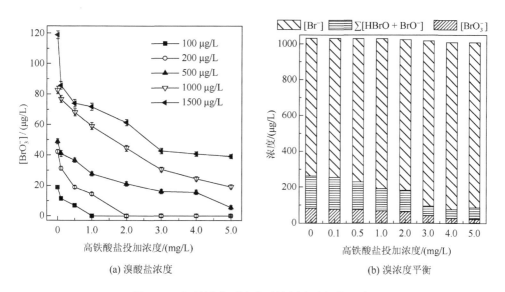

(a) 溴酸盐浓度　　　　　　　(b) 溴浓度平衡

图 5-13　初始溴离子浓度对控制溴酸盐的影响

从图 5-13 可以看出，在单独臭氧氧化技术中，当溴离子浓度从 100 μg/L 逐渐升高至 1500 μg/L 时，溴酸盐浓度从 18.7 μg/L 迅速增加至 119.0 μg/L，可见溶液中初始溴离子浓度对溴酸盐的生成浓度具有重要影响；在高铁酸盐-臭氧联用工艺中，随着高铁酸盐投加浓度的增加，联用工艺对溴酸盐的控制效果也更加显著。当高铁酸盐投加浓度仅有 0.5 mg/L

时，对于 100～1500 μg/L 的溴离子浓度，联用工艺对于其产生的溴酸盐控制率高达 17.6%～63.0%；当高铁酸盐投加浓度增加至 1.0 mg/L，初始溴离子浓度≤200 μg/L 时，联用工艺可完全控制生成的溴酸盐低于检测限（≤2.5 μg/L）；当高铁酸盐投加浓度增加至 5.0 mg/L 时，联用工艺可将≤500 μg/L 溴离子浓度产生的溴酸盐控制低于 10 μg/L。

本节对 1000 μg/L 初始溴离子浓度条件下反应过程中的$[Br^-]$、$[BrO_3^-]$及$\sum[HBrO + OBr^-]$进行了溴浓度平衡分析[如图 5-13（b）所示，其中，$\sum[HBrO + OBr^-]$是通过将初始溴离子浓度减去溴浓度平衡$\sum[Br^- + BrO_3^-]$计算所得，代表溴酸盐的主要中间产物]。随着高铁酸盐投加浓度从 0 mg/L 升高至 5.0 mg/L，$[BrO_3^-]$、$\sum[HBrO + OBr^-]$分别从 82.6 μg/L、181.0 μg/L 减少至 19.1 μg/L、68.2 μg/L，而$[Br^-]$从 767.3 μg/L 逐渐增加至 933.5 μg/L，进一步说明了高铁酸盐-臭氧联用工艺是通过控制溴酸盐生成途径或将更多新生成的溴酸盐及其中间产物还原为游离溴离子，以达到控制溴酸盐的目的。

3. 温度的影响

本节主要考察了高铁酸盐-臭氧联用工艺在不同溶液温度条件下对溴酸盐的控制情况，试验主要条件：溴离子浓度为 200 μg/L，臭氧浓度为 2.5 mg/L，高铁酸盐的投加浓度范围为 0～5.0 mg/L，溶液 pH 为 7.0，考察的温度分别在低、中、高范围内选择了 5℃、25℃、40℃三个温度，结果如图 5-14 所示。

从图 5-14 可以看出，无论是单独臭氧氧化技术还是高铁酸盐-臭氧联用工艺，溴酸盐及溴离子的浓度均随着溶液温度的升高而增加。Galey 等[156]的研究也证明，臭氧氧化技术中溴离子向溴酸盐的转化率在夏季为 45%～50%，远高于其在冬季的转化率（约为 20%），这主要是由于温度的升高有利于臭氧分解产生更多的羟自由基，从而加强了溴酸盐生成的间接氧化途径。另外，温度的升高加速高铁酸盐自分解生成沉淀，不利于高铁酸盐的稳定性，导致联用工艺在高温条件下对溴酸盐的控制效果比低温时略差，以高铁酸盐投加浓度为 2.0 mg/L 为例，当温度从 5℃升高至 40℃时，联用

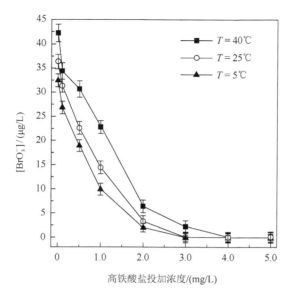

图 5-14　温度对联用工艺控制溴酸盐的影响

工艺对溴酸盐的控制率从 94.1% 降低至 85.0%。然而，高铁酸盐-臭氧联用工艺对溴酸盐的控制效果随着高铁酸盐投加浓度的增加而增强，即使温度高达 40℃，4.0 mg/L 的高铁酸盐投加浓度也能完全控制溴酸盐的生成。

4. 碱度的影响

碳酸盐碱度（HCO_3^-/CO_3^{2-}）是自然水体主要因子之一，它对臭氧氧化反应中溴酸盐的生成也有重要影响，因此，本节考察了碳酸盐碱度对高铁酸盐-臭氧联用工艺控制溴酸盐的影响，试验条件：溴离子浓度为 200 μg/L，臭氧浓度为 2.5 mg/L，高铁酸盐的投加浓度范围为 0～5.0 mg/L，溶液初始 pH 为 7.0，温度 25℃，考察的碱度（HCO_3^-/CO_3^{2-} 浓度）范围为 25～250 mg/L，结果如图 5-15 所示。

从图 5-15 可以看出，无论是单独臭氧氧化技术还是高铁酸盐-臭氧联用工艺，溴酸盐生成量随着碱度升高呈先增加后减少的趋势。在单独臭氧氧化技术中，当碱度从 25 mg/L 升高到 150 mg/L，溴酸盐浓度从 40.3 μg/L 增加至 175.8 μg/L；当碱度继续升高至 250 mg/L 时，溴酸盐又逐渐减少至 68.1 μg/L。

碱度对于单独臭氧氧化技术中溴酸盐生成的影响主要包括以下几方

面：一方面，HCO_3^-/CO_3^{2-} 是较强的羟自由基捕获剂，消耗溶液中的·OH 并生成无机碳酸自由基 CO_3^{2-} [式（3-11）、式（3-12）]，使间接氧化途径生成的溴酸盐减少[109]；另一方面，新生成的 CO_3^- 可继续氧化 OBr^-/BrO_2^- 生成溴酸盐的前驱物 $BrO·/BrO_2·$ [式（5-1）、式（5-2）]，对溴酸盐的生成具有促进作用[157-158]；而且，碱度的升高有助于提高溶液 pH（$HCO_3^- + H_2O \rightarrow OH^- + H_2CO_3$），对生成溴酸盐也有利。从本节试验结果可以推测，随着碱度的升高，其作为羟自由基捕获剂的作用占主导地位，导致溴酸盐的生成量减少。

$$CO_3^- + OBr^- \longrightarrow CO_3^{2-} + BrO· \qquad k = 4.3 \times 10^7 \ M^{-1}s^{-1} \qquad （5-1）$$

$$CO_3^- + BrO_2^- \longrightarrow CO_3^{2-} + BrO_2· \qquad k = 1.1 \times 10^8 \ M^{-1}s^{-1} \qquad （5-2）$$

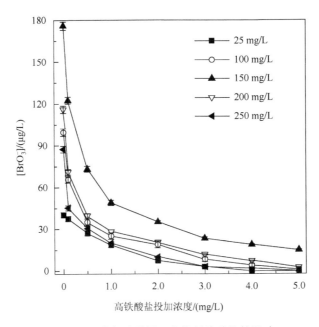

图 5-15　碱度对联用工艺控制溴酸盐的影响

　　碱度对联用工艺控制溴酸盐的影响主要表现为两个方面，一方面，可导致高铁酸盐自分解加快，不利于对溴酸盐的控制；另一方面，碱度对溶液 pH 的提高又可使高铁酸盐的稳定性增强，使高铁酸盐更好地控制溴酸盐，因此，碱度也可通过影响高铁酸盐的稳定性来影响联用工艺对溴酸的控制效果。在高铁酸盐-臭氧联用工艺中,随着高铁酸盐投加浓度的增加,联用工艺对溴酸盐的控制效果增强。对于碱度范围分别为 25～100 mg/L 和 200～250 mg/L 的条件下,高铁酸盐投加浓度增加至 3.0 mg/L 就可将溴酸盐控制在 10 μg/L 以下;对于 150 mg/L 的碱度条件下,当高铁酸盐投加浓度增加至 5.0 mg/L 时,其对溴酸盐的控制率高达 91.4%。

5.3.3　与其他控制方法的对比

由于高铁酸盐-臭氧联用工艺可控制副产物溴酸盐的生成这一发现并未见其他文献报道,本节将与溴酸盐的其他控制方法进行对比,以分析总结该联用工艺的理论及技术优势,其中,本节选择的溴酸盐其他控制方法包括调节溶液 pH、投加氨氮、投加其他有机物、与臭氧联用其他工艺[如 H_2O_2/O_3、$KMnO_4/O_3$、$(UV/VUV)/O_3$]等。

1. 调节溶液 pH

前期研究表明,当溶液初始 pH 升高时,臭氧氧化技术中副产物溴酸盐的生成量将升高,因此,可通过调节溶液 pH 的方法控制溴酸盐。本节对比考察了高铁酸盐-臭氧联用工艺与调节溶液 pH 两种方法对溴酸盐的控制效果,试验条件:溴离子浓度为 200 μg/L,臭氧浓度为 2.5 mg/L,高铁酸盐的投加浓度范围为 0～5.0 mg/L,溶液初始 pH 考察范围为 3.0～11.0,温度 25℃,结果如 图 5-16 所示。

从图 5-16 可以看出,降低溶液 pH 可有效控制溴酸盐的生成量。在单独臭氧氧化技术中,当溶液 pH 从 11.0 降低至 3.0 时,其产生的溴酸盐浓度从 45.9 μg/L 逐渐减少至 5.9 μg/L,控制率高达 87.2%。其控制原理主要包括以下几方面[159]。首先,降低溶液 pH 影响溶液臭氧分子和羟自由基之间的比例平衡($O_3 + OH^- \rightarrow O_2 + \cdot OH$),使生成的羟自由基减少,导致间接氧化途径生成的溴酸盐减少;另外,降低溶液 pH 影响溴酸盐主要中间产物 HBr 与 OBr^- 之间的酸碱平衡($HOBr \longrightarrow OBr^- + H^+$,$pK_a = 8.86$),而 OBr^- 与羟自由基之间的反应活性比 HOBr 高($k_{\cdot OH/HOBr} = 4.5 \times 10^9 \, M^{-1} s^{-1}$,

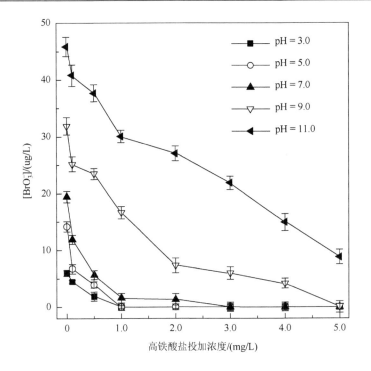

图 5-16   溶液 pH 对联用工艺控制溴酸盐的影响

$k_{\cdot OH/HOBr} = 2.0 \times 10^9\ M^{-1}s^{-1}$），降低溶液 pH 使得 OBr^- 比例减少，从而导致溴酸盐生成浓度降低。但降低溶液 pH 在水处理过程中存在一定的缺点，比如，易生成更强毒性的含溴有机物、腐蚀工艺设置及管道等；另外，对于缓冲能力较强的废水，降低溶液 pH 难度也更大。

在高铁酸盐-臭氧联用工艺中，尽管降低溶液 pH 影响高铁酸盐的稳定性，从而不利于对溴酸盐的控制，但试验结果表明，随着高铁酸盐投加浓度的增加，联用工艺对溴酸盐的控制效果增强。如图 5-16 所示，当溶液 pH＜7.0 时，仅需 1.0 mg/L 高铁酸盐即可完全控制溴酸盐的生成；即使在较高溶液 pH（如 pH＝11.0）时，当高铁酸盐投加浓度增加至 5.0 mg/L 时，联用工艺可控制溴酸盐生成浓度低至 8.8 μg/L，控制率高达 80.8%。相对于降低溶液 pH，高铁酸盐-臭氧联用工艺在较宽的 pH 范围内（3.0～11.0）均能高效地控制溴酸盐的生成；同时，该联用工艺不会增加有毒物质的产生，相对更安全。

2. 投加氨氮

根据相关文献报道可知，在臭氧氧化技术中投加氨氮可控制副产物溴酸盐的生成量，其主要途径包括两方面[160-161]：一方面，投加的氨氮可与溴酸盐中间产物 HOBr/OBr⁻ 反应，将其还原生成溴铵[式（5-3）、式（5-4）]，使溴酸盐的生成量减少；另一方面，这些生成的溴铵可发生自分解或被溶液中的氧化剂降解，从而消耗臭氧分子或羟自由基，进一步减弱了溴酸盐的生成反应。

$$HOBr + NH_3 \longrightarrow NH_2Br + H_2 \qquad k = 7.5 \times 10^7\,M^{-1}s^{-1} \qquad (5\text{-}3)$$

$$3OBr^- + 2NH_3 \longrightarrow N_2 + 3Br^- + 2H_2O \qquad k = 8.0 \times 10^7\,M^{-1}s^{-1} \qquad (5\text{-}4)$$

本节对比考察了高铁酸盐-臭氧联用工艺与投加氨氮两种方法对溴酸盐的控制效果，试验条件：溴离子浓度为 200 μg/L，臭氧浓度为 2.5 mg/L，高铁酸盐的投加浓度范围为 0～5.0 mg/L，氨氮以 NH_4Cl 形式投加，其浓度范围为 0.01～1.0 mg/L，溶液初始 pH 为 7.0，温度 25℃，结果如图 5-17 所示。

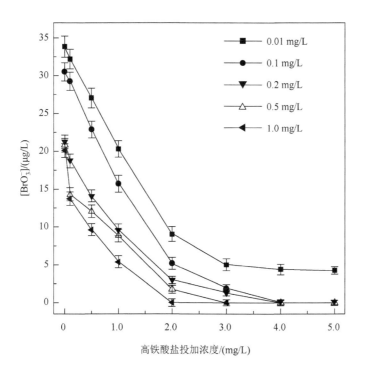

图 5-17　投加氨氮对联用工艺控制溴酸盐的影响

从图 5-17 可以看出，在单独臭氧氧化技术中，当氨氮的投加浓度从 0.01 mg/L 增加至 0.2 mg/L 时，溴酸盐的生成浓度从 42.2 μg/L 迅速降低至 21.3 μg/L，控制率为 49.5%；当继续增加氨氮的投加浓度分别至 0.5 mg/L、1.0 mg/L 时，溴酸盐的浓度分别高达 20.5 mg/L、20.1 mg/L。以上结果表明，以增加氨氮投加浓度来控制溴酸盐的生成浓度并不是十分有效的方法，该结论在其他研究中也有报道 [155,161]。另外，投加氨氮将会加重氧化体系的处理负荷、影响溶液的 pH、减弱臭氧的氧化效能等，这些缺点不利于实施该方法来有效控制溴酸盐。前期研究也表明[图 3-8（b）、图 4-12]，水中氨氮的存在不利于臭氧和高铁酸盐对 TBBPA 的降解，因此，不适合用其控制溴酸盐。

如图 5-17 所示，增加高铁酸盐-臭氧联用工艺中高铁酸盐投加浓度可持续有效地控制溴酸盐的生成。对于 0.01 mg/L 氨氮条件下单独臭氧氧化技术产生的溴酸盐（33.9 μg/L），当高铁酸盐投加浓度增加至 3.0 mg/L 时，联用工艺可将溴酸盐浓度降低至 5.0 μg/L，控制率高达 85.3%；对于 0.1～1.0 mg/L 氨氮产生的溴酸盐，当高铁酸盐投加浓度增加至 4.0 mg/L 时，联用工艺可完全控制溴酸盐的生成；且随着氨氮浓度的增加，100%控制溴酸盐所需要的高铁酸盐浓度逐渐减少。综上对比可知，相对于投加氨氮来控制溴酸盐，增加联用工艺中高铁酸盐投加浓度的方法更有效、更安全，且高铁酸盐与臭氧具有协同氧化效应，有利于对目标污染物的去除。

3. 投加其他有机物

本节将高铁酸盐-臭氧联用工艺与投加天然有机物方法进行对比，以腐殖酸为例，考察两者对溴酸盐的控制水平，试验条件：溴离子浓度为 200 μg/L，臭氧浓度为 2.5 mg/L，溶液初始 pH 为 7.0，温度 25℃，高铁酸盐的投加浓度范围为 0～5.0 mg/L，NOM 投加浓度范围为 0.1～10.0 mg/L（以 TOC 计），结果如 图 5-18 所示。

从图 5-18 可以看出，水中天然有机物的存在对溴酸盐具有明显的控制作用。在单独臭氧氧化技术中，当 NOM 的浓度从 0.1 mg/L 增加至 5.0 mg/L

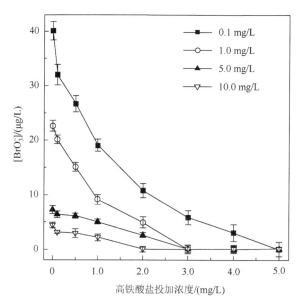

图 5-18　联用工艺与投加 NOM 对比

时，溴酸盐的生成浓度从 40.1 μg/L 降低至 7.2 μg/L，控制率为 82.1%。水中有机物对溴酸盐的控制作用主要体现在两方面[153,160]：一方面，有机物（特别是含有不饱和键或芳香族体系的有机物）可与溴酸盐中间产物（如 HOBr/OBr⁻、Br·等）反应，使其还原生成游离溴离子或含溴有机物；另一方面，水中有机物可与溴离子竞争，消耗反应体系中的氧化剂（如臭氧分子、高铁酸盐及自由基等），导致溴酸盐生成量减少。然而，当水中有机物浓度更高时（如升高至 10.0 mg/L），其对溴酸盐的控制效果减弱，说明投加有机物并不能作为唯一的控制溴酸盐方法。同时，考虑到对 TBBPA 降解，投加有机物加重了反应体系氧化剂的处理负荷，不利于目标污染物的去除及生物毒性的控制（图 3-10、图 4-13）；另外，投加有机物以控制溴酸盐并不是一种安全可靠的解决方法，因为新生成的含溴有机物可能具有更高的毒性（如三溴甲烷、溴化氰等）。

在高铁酸盐-臭氧联用工艺中（图 5-18），当高铁酸盐投加浓度增加至 5.0 mg/L 时，可完全控制各反应体系中溴酸盐的生成，无其他更高毒性含溴物质生成。因此，相对于投加其他有机物以控制溴酸盐生成的方法，联用工艺中以增加高铁酸盐投加浓度的方法更加安全、环保且更高效。

4. 与臭氧联用其他工艺

研究表明，一些臭氧联用工艺已经发展起来，如 H_2O_2/O_3、$KMnO_4/O_3$、(UV/VUV)/O_3 等[159,162-164]，一方面促进了目标污染物的去除，另一方面对臭氧氧化副产物溴酸盐也有一定的控制作用。其中，H_2O_2/O_3 联用工艺和 $KMnO_4/O_3$ 联用工艺由于投加的氧化剂成本较低而受到关注，因此，本节重点对比这两项工艺与高铁酸盐-臭氧联用工艺对 TBBPA 的降解情况和溴酸盐的控制情况，试验条件：TBBPA 初始浓度为 1 mg/L，溶液初始 pH 为 7.0，温度为（25±0.5）℃，臭氧浓度为 1 mg/L 和 2 mg/L 以分别考察 TBBPA 降解率（1 mg/L）和溴酸盐生成浓度（2 mg/L），H_2O_2 浓度按其与臭氧摩尔浓度比[H_2O_2]/[O_3]范围为 0～5.0 进行投加，高锰酸钾投加浓度范围为 0～2.0 mg/L，结果如图 5-19 所示。

从图 5-19（a）可以看出，H_2O_2/O_3 联用工艺对 TBBPA 的降解率和溴酸盐生成浓度随着两者摩尔浓度比的升高呈先增加后降低的趋势。在 TBBPA 降解方面，臭氧浓度为 1.0 mg/L 时 TBBPA 的降解率为 56.4%；当[H_2O_2]/[O_3]升高至 1.0 时达到最佳的 TBBPA 降解率，为 73.7%；随着[H_2O_2]/[O_3]继续升高，H_2O_2/O_3 联用工艺对 TBBPA 的降解率反而下降；当[H_2O_2]/[O_3]为 5.0 时 TBBPA 降解率降低至 37.0%。在溴酸盐生成浓度方面，

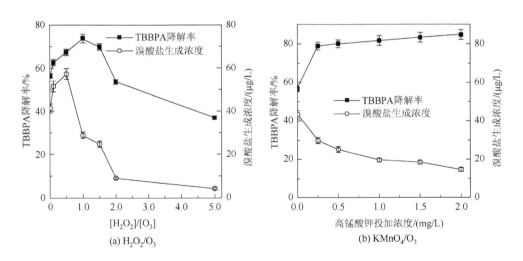

(a) H_2O_2/O_3

(b) $KMnO_4/O_3$

图 5-19　与臭氧联用其他工艺对比

臭氧浓度为 2.0 mg/L 时溴酸盐生成浓度为 41.4 μg/L；当 $[H_2O_2]/[O_3] \leqslant 0.5$ 时溴酸盐生成浓度呈增加的趋势，最大值达 57.2 μg/L；当 $[H_2O_2]/[O_3] > 0.5$ 时溴酸盐生成浓度开始降低；当 $[H_2O_2]/[O_3]$ 为 5.0 时溴酸盐生成浓度被控制在 4.2 μg/L，控制率达 89.9%。

从以上结果可知，低投量的 H_2O_2 对臭氧降解 TBBPA 有利，但对溴酸盐的控制不利，这主要是由于 H_2O_2 的存在可催化臭氧分解产生·OH，从而有利于间接氧化途径对 TBBPA 的降解和溴酸盐的产生；当 H_2O_2 浓度较高时，它对·OH 的捕获作用也增强，不利于 TBBPA 的降解，但可控制溴酸盐的生成量。该结论与含溴离子模拟废水实验结果相似，研究表明[163]，在含溴离子的模拟废水中，H_2O_2/O_3 联用工艺达到较好地控制溴酸盐的效果需要苛刻的实验条件，如 $[H_2O_2]/[O_3] > 0.5$ 且 $[O_3] < 0.1$ mg/L。

从图 5-19（b）可以看出，$KMnO_4/O_3$ 联用工艺对 TBBPA 的协同降解效应和对溴酸盐的控制效果均不是很显著。当 $KMnO_4$ 投加浓度增加至 2.0 mg/L 时（臭氧浓度为 1.0 mg/L），联用工艺对 TBBPA 的降解率仅升高了 28.4%，2.0 mg/L 臭氧产生的溴酸盐减少到 14.6 μg/L，控制率为 64.7%。含溴离子的模拟废水研究也表明[164]，$KMnO_4/O_3$ 联用工艺对溴酸盐最佳的控制效果所需 $KMnO_4$ 浓度为 1.0 mg/L，控制率达 26%；当 $KMnO_4$ 浓度超过 2.0 mg/L 时，联用工艺对溴酸盐的控制效果减弱；另外，过量投加 $KMnO_4$ 存在重金属锰超标风险。

综上所述，H_2O_2/O_3 联用工艺和 $KMnO_4/O_3$ 联用工艺均存在各自的不足，相对而言，高铁酸盐-臭氧联用工艺具有以下优势。

（1）该联用工艺中两个氧化剂之间具有良好的协同效应，该协同效应体现在对目标污染物的脱除、对脱溴水平的提高、对副产物溴酸盐和毒性的有效控制。

（2）该联用工艺对溴酸盐的控制作用显著，在含 TBBPA 模拟废水中，仅需 1.0 mg/L 的高铁酸盐即可将 4.0 mg/L 臭氧产生的溴酸盐（80.5 μg/L）完全控制；在含溴离子的模拟废水中，该联用工艺对溴酸盐的控制率随着高铁酸钾浓度的升高而升高，对水质的变化具有较好的适应能力。

（3）该联用工艺增加的高铁酸盐不存在二次污染风险。

5.4　高铁酸盐-臭氧联用工艺的机理分析

研究表明，高铁酸盐-臭氧联用工艺对 TBBPA 具有协同除污效能，主要体现在对 TBBPA 的协同高效降解与矿化和对生物毒性的快速、高效控制；另外，高铁酸盐-臭氧联用工艺对脱溴水平有一定的提高，对臭氧氧化副产物溴酸盐也具有显著的控制作用。本节将综合探讨分析该联用工艺的机理。

5.4.1　联用工艺协同除污效能的机理分析

高铁酸盐-臭氧联用工艺的协同除污效能表现在两方面：一是对目标污染物的协同高效降解及矿化；二是对反应过程中生物毒性的快速、高效控制。该协同除污机理可从两方面进行分析，包括氧化途径方面和氧化剂相互作用方面。

1. 氧化途径方面

首先，再次了解单独的臭氧氧化技术和高铁酸盐氧化工艺的除污机理。

在臭氧氧化技术反应过程中，臭氧分解引发一系列复杂的链式反应并产生·OH，其主要反应式如式（5-5）～式（5-10）所示，因此，臭氧氧化技术除污分为臭氧分子直接氧化途径和羟自由基间接氧化途径。

$$O_3 + OH^- \longrightarrow HO_2^- + O_2 \quad k = 70\,\text{M}^{-1}\text{s}^{-1} \tag{5-5}$$

$$O_3 + HO_2^- \longrightarrow O_2^- + \cdot OH + O_2 \quad k = 2.2\times10^6\,\text{M}^{-1}\text{s}^{-1} \tag{5-6}$$

$$O_3 + O_2^- \longrightarrow O_3^- + O_2 \quad k = 1.6\times10^9\,\text{M}^{-1}\text{s}^{-1} \tag{5-7}$$

$$O_3^- + H^+ \longrightarrow HO_3\cdot \quad k = 5.0\times10^{10}\,\text{M}^{-1}\text{s}^{-1} \tag{5-8}$$

$$HO_3\cdot = O_3^- + H^+ \quad pK_a = 6.2 \tag{5-9}$$

$$HO_3\cdot \longrightarrow \cdot OH + O_2 \quad k = 1.4\times10^5\,\text{M}^{-1}\text{s}^{-1} \tag{5-10}$$

在高铁酸盐氧化工艺中，研究表明，高铁酸盐（Fe^{6+}）在水溶液反应过程中易发生自分解反应，最后生成三价铁的氢氧化物并释放出氧气[142,163]。高铁酸盐在水中存在分解反应，会生成原子态的氧，其进一步发生反应生成·OH，主要反应如式（5-11）～式（5-14）所示[150]。

$$2FeO_4^{2-} + 3H_2O \longrightarrow 2Fe(OH)_3 + 5[O] \quad k = 1.5 \times 10^3 M^{-1} s^{-1} \quad (5\text{-}11)$$

$$[O] + H_2O \longrightarrow 2 \cdot OH \quad (5\text{-}12)$$

$$2 \cdot OH \longrightarrow H_2O_2 \quad k = 5.5 \times 10^9 M^{-1} s^{-1} \quad (5\text{-}13)$$

$$2H_2O_2 \longrightarrow 2H_2O + O_2 \quad (5\text{-}14)$$

因此，与臭氧氧化技术类似，在高铁酸盐氧化工艺除污体系中，既存在分子态高铁酸盐反应途径，即直接氧化途径；也有新生成的·OH 氧化途径，即间接氧化途径。

综上所述，在氧化途径方面，单独的臭氧氧化技术和高铁酸盐氧化工艺中均包括氧化剂分子直接氧化途径和羟自由基间接氧化途径。在直接氧化途径方面，臭氧和高铁酸盐均是较强的氧化剂，均具有较高的氧化势能，在联用工艺中可能具有叠加效应；在间接氧化途径方面，联用工艺中产生的·OH 相对于单独氧化工艺增加，使间接氧化途径增强，亦可使除污效能得到加强。因此，不同氧化途径的叠加效应可能导致联用工艺的协同除污效能。

2. 氧化剂相互作用方面

在高铁酸盐-臭氧联用工艺中，氧化剂高铁酸盐和臭氧或其中间产物之间可能发生化学反应，使各自的氧化效率提高，从而带来联用工艺的协同除污效能。

图 5-20 描述了高铁酸盐氧化工艺中的自分解反应过程，可以看出，高铁酸盐自分解生成的中间产物较为复杂，主要包括多种价态铁系物（如 Fe^{5+}、Fe^{4+}、Fe^{3+}、Fe^{2+}）、自由基类物质（如 O_2^-）、O_2、H_2O_2 及其他化合物[142]。因此，高铁酸盐氧化工艺除污体系中的反应更复杂，主要包括：

Fe^{6+} 与生成的 $\cdot OH$ 可将目标污染物降解；Fe^{6+} 通过 1-e^- 和 2-e^- 电子转移途径还原生成高价态铁系物 Fe^{5+} 和 Fe^{4+}，两者同样具有强氧化性，亦可继续降解目标污染物；Fe^{6+}、Fe^{5+} 和 Fe^{4+} 可被中间产物 H_2O_2 继续还原生成更低价态铁系物，如 Fe^{3+} 和 Fe^{2+}；而 Fe^{2+} 可被自由基类物质（如 O_2^-、$\cdot OH$）或更高价态铁系物（如 Fe^{6+}、Fe^{5+} 和 Fe^{4+}）氧化生成更高价态铁系物（如 Fe^{3+}、Fe^{4+} 或 Fe^{5+}），可继续将目标污染物脱除。

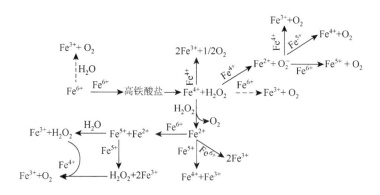

图 5-20　高铁酸盐自分解反应图[142]

在高铁酸盐-臭氧联用工艺中采用高铁酸盐预氧化 3 min 后与臭氧进行共同作用，则氧化剂之间的相互反应主要存在于高铁酸盐的中间产物和臭氧之间，主要包括两方面：一方面，臭氧本身及其生成的羟自由基可再次将较低价态铁系物氧化生成更高价态铁系物，从而使其继续发挥除污效能，提高高铁酸盐的氧化效率；另一方面，高铁酸盐的铁系还原中间产物对臭氧可能具有催化作用，从而生成更多的羟自由基，使间接氧化途径的除污效能增强，提高臭氧的氧化效率。后者对联用工艺的协同除污效能可能具有更重要的影响，因此，本节考察了在高铁酸盐-臭氧联用工艺中，不同高铁酸盐浓度条件下臭氧浓度变化情况，其中高铁酸盐浓度分别为 0 mg/L、0.5 mg/L、1.0 mg/L、2.0 mg/L，臭氧浓度分别为 1.0 mg/L 和 2.0 mg/L，臭氧浓度以紫外光吸光度表示，结果如图 5-21 所示。

从图 5-21 可以看出，当臭氧浓度分别为 1.0 mg/L 和 2.0 mg/L 时，随着高铁酸盐浓度的增加，其分解速度明显加快，说明高铁酸盐-臭氧联用工

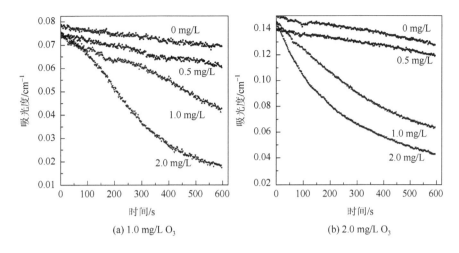

(a) 1.0 mg/L O$_3$　　　　　　　(b) 2.0 mg/L O$_3$

图 5-21　高铁酸盐浓度对臭氧分解的催化作用

艺中高铁酸盐对臭氧分解具有一定的催化作用。已有研究证明，高铁酸盐铁系还原中间产物（如水合铁离子、水合铁氧化物及羟基氧化铁等）可催化臭氧生成更多的羟自由基，有利于提高臭氧氧化效率[5]。本书 3.2.5 节研究也证明，高铁酸盐的主要还原中间产物 Fe^{3+} 浓度的增加可催化臭氧生成更多的·OH［式（3-7）～式（3-10）］，有利于臭氧氧化技术对 TBBPA 的降解（图 3-7）。

综上所述，可总结得出高铁酸盐-臭氧联用工艺协同除污效能的机理如下。

（1）氧化途径方面，高铁酸盐-臭氧联用工艺在直接氧化途径和间接氧化途径上均存在叠加效应，从而使除污效能增强。

（2）氧化剂相互作用方面，高铁酸盐-臭氧联用工艺中，臭氧及其生成的羟自由基可氧化低价态铁系还原中间产物（Fe^{3+}、Fe^{2+}等），从而提高高铁酸盐的氧化效率；且高铁酸盐的还原中间产物对臭氧具有催化作用，生成更多的羟自由基，亦提高了臭氧的氧化效率。

正是氧化途径的叠加效应和氧化剂之间的相互作用，使得高铁酸盐-臭氧联用工艺在降解 TBBPA 过程中表现出较强的协同除污效能，不仅高效降解 TBBPA 物质本身，对 TBBPA 的矿化度亦有很大提高，同时能高效、快速地控制反应过程中的生物毒性。

5.4.2　联用工艺控制溴酸盐的机理分析

　　由于单独的臭氧氧化技术在处理含溴离子的废水时易生成副产物溴酸盐，且臭氧降解 TBBPA 过程中的脱溴率保持在 65%以上，因此具有较大的溴酸盐生成风险。本章前期研究表明，高铁酸盐-臭氧联用工艺在协同高效降解 TBBPA 的同时，不仅保持了较高的脱溴水平，且完全控制了溴酸盐的生成；对含溴离子模拟废水的研究表明，在不同水质条件下随着高铁酸盐投加浓度的增加，副产物溴酸盐均得到显著控制；且相对于其他溴酸盐控制方法，高铁酸盐-臭氧联用工艺对溴酸盐的控制效果更持久、更安全、更高效。在以上研究的基础上，本节进一步分析联用工艺对溴酸盐的控制机理。

　　与臭氧降解目标污染物反应相似，溴酸盐的生成途径也包括臭氧分子直接氧化途径和羟自由基间接氧化途径，反应过程如图 5-22 所示[164]。在直接氧化途径中，其产生溴酸盐的速度较慢，限速反应较多。O_3 先与 Br^- 反应生成 BrO^-，k_{app} 仅为 160 $M^{-1}s^{-1}$；BrO^- 继续被 O_3 氧化生成 BrO_2^-，k_{app} 仅为 100 $M^{-1}s^{-1}$；最后，BrO_2^- 迅速被 O_3 氧化生成 BrO_3^-，$k_{app} \geqslant 10^5$ $M^{-1}s^{-1}$。在间接氧化途径中，Br^- 被 $\cdot OH$ 快速氧化生成主要中间产物 $HOBr/BrO^-$；$HOBr/BrO^-$ 继续被 $\cdot OH$ 氧化生成 $BrO\cdot$、BrO_2^- 和 $BrO_2\cdot$ 等中间产物后，最终生成副产物 BrO_3^-，整个反应速度很快，k_{app} 范围在 $7\times10^8\sim10^{10}$ $M^{-1}s^{-1}$，因此，$\cdot OH$ 间接氧化途径对溴酸盐的生成影响较大。

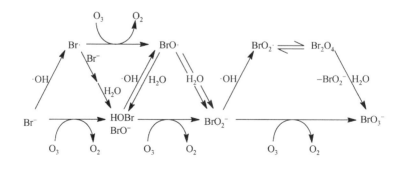

图 5-22　溴酸盐的生成途径[164]

在单独的臭氧氧化技术和高铁酸盐氧化工艺中均存在·OH 间接氧化途径，当两者联用时其间接氧化途径除污效果增强，因此，理应会导致溴酸盐的生成量提高。但在本节中却发现溴酸盐得到显著地控制，其原因可能是更多羟自由基生成的同时，也使其相互间的碰撞反应更为激烈，从而生成过氧化氢（$2 \cdot OH \rightarrow H_2O_2$），使羟自由基消耗，减弱了溴酸盐的直接和间接生成途径；且新生成的 H_2O_2 也可将溴酸盐中间产物（$HBrO/BrO^-$）进行还原[式（5-15）、式（5-16）]。

$$HBrO + H_2O_2 \longrightarrow Br^- + H_2O + H^+ + O_2 \quad k_{app} = (7.6 \pm 1.3) \times 10^8 \ M^{-1}s^{-1} \quad (5\text{-}15)$$

$$BrO^- + H_2O_2 \longrightarrow Br^- + H_2O + O_2 \qquad k_{app} = (7.6 \pm 1.3) \times 10^8 \ M^{-1}s^{-1} \quad (5\text{-}16)$$

在高铁酸盐-臭氧联用工艺中，由于采用的是高铁酸盐预氧化 3 min 后再与臭氧进行联合作用，因此，其对溴酸盐的控制还可能是高铁酸盐的中间产物发挥作用，包括较低价态铁系物（如 Fe^{3+}、Fe^{2+}）、H_2O_2、O_2^- 等（图 5-20）。铁系物是高铁酸盐最重要的一组中间产物，其中，三价态的铁系中间产物（Fe^{3+}）特别是羟基氧化铁[$FeO_x \cdot (OH)_{3-2x}$]、氢氧化铁 [$Fe(OH)_3$]对溴酸盐具有一定絮凝作用，该观点在 5.4.1 节得到证实：$Fe(OH)_3$ 的投加使溴酸盐的生成量减少了 16.1%。更低价态的 Fe^{2+} 存在对溴酸盐是不利的，可将溴酸盐直接还原为游离溴离子，自身被氧化成 Fe^{3+} 继续作用，反应如式（5-17）所示。同时，这些高铁酸盐低价态中间产物在被氧化成高价态铁系物时也消耗了自由基，削弱了溴酸盐的生成量。

$$BrO_3^- + 6Fe^{2+} + 6H^+ \longrightarrow Br^- + 6Fe^{3+} + 3H_2O \qquad (5\text{-}17)$$

H_2O_2 也是高铁酸盐氧化工艺重要的中间产物之一。在单纯的高铁酸盐溶液中，其自分解产生 H_2O_2 的速率较低，$k_{app} \leqslant 10^2 \ M^{-1}s^{-1}$[式（5-18）、式（5-19）]；在氧化还原体系，高铁酸盐自分解产生 H_2O_2 的速率高达 $5.8 \times 10^7 \ M^{-1}s^{-1}$[式（5-20）]。Lee 等人利用辣根过氧化物酶（HRP）对高铁酸盐自分解过程中 H_2O_2 的生成量进行检测，研究表明 H_2O_2 生成量约占高铁酸盐量的 21%[165]。如式（5-15）和式（5-16）所示，H_2O_2 的生成可将溴酸盐的中间产物 $HBrO/BrO^-$ 还原为游离溴离子，对直接和间接氧化途径生成的溴酸盐均有良好的控制作用。

$$H_2Fe^{5+}O_4^- + H_2O + H^+ \longrightarrow Fe^{3+}(OH)_3(aq) + H_2O_2 \qquad k = 10^2\,M^{-1}s^{-1} \quad (5\text{-}18)$$

$$2H_2Fe^{6+}O_4^- + 4H_2O \longrightarrow 2H_3Fe^{4+}O_4^- + 2H_2O_2 \qquad k = 26\,M^{-1}s^{-1} \quad (5\text{-}19)$$

$$2H_2Fe^{5+}O_4^- + 2H_2O + 2H^+ \longrightarrow 2Fe^{3+}(OH)_3(aq) + 2H_2O_2 \qquad k = 5.8\times10^7\,M^{-1}s^{-1}$$

$$(5\text{-}20)$$

O_2^- 也是高铁酸盐中间产物之一，其对溴酸盐中间产物 HBrO、BrO^-、Br_2^-、Br_3^- 等均具有一定的还原作用，k_{app} 均大于 $10^8\,M^{-1}s^{-1}$[式（5-21）～式（5-24）]；另外，且其与 HOBr 的反应速率远远大于其与 O_3 的反应速率[式（5-7）]，这样同时也减少了羟自由基的生成，削弱了间接氧化途径生成的溴酸盐。

$$HOBr + O_2^- \xrightarrow{\ Br^-\ } O_2 + OH^- + Br_2^- \qquad k = 3.5\times10^9\,M^{-1}s^{-1} \quad (5\text{-}21)$$

$$OBr^- + O_2^- \xrightarrow[H_2O]{Br^-} O_2 + 2OH^- + Br_2^- \qquad k > 2.0\times10^8\,M^{-1}s^{-1} \quad (5\text{-}22)$$

$$Br_2^- + O_2^- \longrightarrow O_2 + 2Br^- \qquad k = 1.7\times10^8\,M^{-1}s^{-1} \quad (5\text{-}23)$$

$$Br_3^- + O_2^- \longrightarrow O_2 + Br^- + Br_2^- \qquad k = 1.5\times10^9\,M^{-1}s^{-1} \quad (5\text{-}24)$$

综上所述，在高铁酸盐-臭氧联用工艺中，其对溴酸盐的主要控制机理是通过高铁酸盐的中间产物（Fe^{3+}、Fe^{2+}、H_2O_2、O_2^-）对羟自由基的损耗、对溴酸盐或其中间产物的还原、絮凝等发挥作用的。

为了更进一步证明高铁酸盐-臭氧联用工艺对溴酸盐的控制途径，我们在含溴离子的模拟废水中加入羟自由基捕获剂叔丁醇（t-BuOH），主要实验条件：溴离子浓度为 200 μg/L，臭氧浓度为 2.5 mg/L，叔丁醇浓度为 1.0 mg/L，高铁酸盐的投加浓度范围为 0～5.0 mg/L，溶液 pH 为 7.0，温度为（25±0.5）℃，结果如图 5-23 所示。

在单独臭氧氧化技术中，加与未加叔丁醇产生的溴酸盐浓度分别为 12.9 μg/L 和 28.5 μg/L，则直接氧化途径和间接氧化途径产生的溴酸盐浓度分别为 12.9 μg/L 和 15.6 μg/L，说明两者在溴酸盐生成方面均具有重要影响。在高铁酸盐-臭氧联用工艺中，当高铁酸盐投加浓度为 0.1 mg/L 时，加与未加叔丁醇产生的溴酸盐浓度分别为 7.7 μg/L 和 20.2 μg/L，经计算可知直接与间接氧化途径产生的溴酸盐控制率分别为 40.3% 和 19.9%；当高铁酸盐投加浓度为 0.5 mg/L 时，直接与间接氧化途径产生的溴酸盐控制率分别达到 63.6% 和 60.9%；当高铁酸盐投加浓度增加至 1.0 mg/L 时，直接氧化途径产生的溴酸盐被完全控制，且间接氧化途径的控制率也高达 70.5%。由以上实验数据可以看出，高铁酸盐-臭氧联用工艺对直接氧化途径和间接氧化途径产生的溴酸盐均有显著的控制效果，且随着高铁酸盐投加浓度的增加，其控制作用增强。

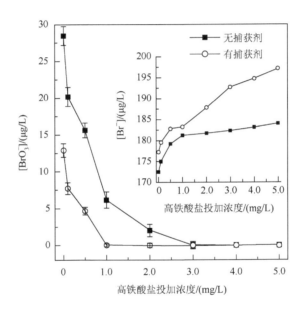

图 5-23 联用工艺控制溴酸盐途径分析

（内插图为反应过程中溴离子生成量）

5.5 本 章 小 结

本章提出了高铁酸盐-臭氧联用工艺，在对比分析了联用工艺相对于单独氧化工艺的优势基础上，优化了联用工艺的主要条件（包括氧化剂投加顺序、氧化剂投加浓、pH），并考察了优化后的联用工艺对 TBBPA 的降解和矿化、对生物毒性和溴酸盐的控制情况；通过含溴离子的模拟废水进一步研究了联用工艺对溴酸盐的控制效果；分析总结了高铁酸盐-臭氧联用工艺的机理。针对以上研究，本章获得的主要结论如下。

（1）高铁酸盐-臭氧联用工艺在协同高效降解并矿化 TBBPA 的基础上，能够保持较高的脱溴水平，且对副产物溴酸盐及毒性均有更强的控制效果，解决了两个单独氧化工艺降解 TBBPA 存在的问题。

（2）条件优化研究表明，联用工艺选择高铁酸盐预氧化方式，预氧化时间为 3 min，pH 为 7.0，仅需 0.1 mg/L 高铁酸盐和 1.0 mg/L 臭氧，即可完全降解 TBBPA，脱溴率和矿化率高达 91.3%和 80.5%，无溴酸盐生成风险，且 10 min 内即可将急性毒性、慢性毒性控制低于原始毒性。

（3）含溴离子模拟废水研究表明，高铁酸盐-臭氧联用工艺对溴酸盐具有良好的控制效果，且该效能随着高铁酸盐投加浓度的增加而持续增强。当臭氧浓度 ≤2.5 mg/L，初始溴离子浓度≤200 μg/L，溶液初始 pH≤7.0 且温度≤40℃时，仅需 1.0 mg/L 的高铁酸盐即可将溴酸盐控制低于检测限。与调节溶液 pH、投加氨氮、投加其他有机物和与臭氧联用其他工艺进行对比发现，高铁酸盐-臭氧联用工艺在控制溴酸盐方面具有持续的作用效果，且相对安全、不增加二次污染，同时具有更强的协同除污效能。

（4）分析并总结了高铁酸盐-臭氧联用工艺的协同除污机理和溴酸盐控制机理。在协同除污方面，联用工艺对 TBBPA 的协同高效降解主要是通过氧化途径的相互增强和氧化剂之间相互反应发挥作用的，其中氧化剂间的相互作用主要包括高铁酸盐的中间产物（如水合铁离子、水合铁氧化物及羟基氧化铁等）对臭氧的催化作用和体系中自由基类物质对低价态铁系物的氧化作用。在溴酸盐控制方面，联用工艺对溴酸盐的直接和间接生成途径均有控制作用，其控制机理是通过高铁酸盐的中间产物[Fe^{3+}、Fe^{2+}、H_2O_2、O_2^-]对羟自由基的损耗、对溴酸盐或其中间产物的还原、絮凝等发挥作用的。

参 考 文 献

[1] Okeke E S，Huang B，Mao G，et al. Review of the environmental occurrence，analytical techniques，degradation and toxicity of TBBPA and its derivatives[J]. Environmental Research，2022，206：112594.

[2] Wu H H，Wang J H，Xiang Y，et al. Effects of tetrabromobisphenol A（TBBPA）on the reproductive health of male rodents：A systematic review and meta-analysis[J]. Science of the Total Environment，2021，781：146745.

[3] Stieger G，Scheringer M，Ng C A，et al. Assessing the persistence，bioaccumulation potential and toxicity of brominated flame retardants：Data availability and quality for 36 alternative brominated flame retardants[J]. Chemosphere，2014，116：118-123.

[4] Lyche J L，Rosseland C，Berge G，et al. Human health risk associated with brominated flame-retardants（BFRs）[J]. Environment International，2015，74：170-180.

[5] Han Q，Dong W Y，Wang H J，et al. Degradation of tetrabromobisphenol A by a ferrate（Ⅵ）-ozone combination process：Advantages，optimization，and mechanistic analysis[J]. Rsc Advances，2019，9（71）：41783-41793.

[6] 张国富，刘仁华，徐青，等. 亚硝酸钠催化氧气氧化溴化双酚 A 制备四溴双酚A[J]. 精细化工，2007，24（6）：608-611.

[7] Reed J M，Spinelli P，Falcone S，et al. Evaluating the effects of BPA and TBBPA exposure on pregnancy loss and maternal-fetal immune cells in mice[J]. Environmental Health Perspectives，2022，130（3）：037010.

[8] Gong W J，Wang J J，Cui W，et al. Distribution characteristics and risk assessment of TBBPA in seawater and zooplankton in northern sea areas，China[J]. Environmental Geochemistry and Health，2021，43（11）：4759-4769.

[9] Kousaiti A, Hahladakis J N, Savvilotidou V, et al. Assessment of tetrabromobisphenol-A（TBBPA）content in plastic waste recovered from WEEE[J]. Journal of Hazardous Materials，2020，390：121641.

[10] Zhang K, Kwabena A S, Wang N W, et al. Electrochemical assays for the detection of TBBPA in plastic products based on rGO/AgNDs nanocomposites and molecularly imprinted polymers[J]. Journal of Electroanalytical Chemistry，2020，862：114022.

[11] Liu F W, Zhang Y, Zhang M, et al. Toxicological assessment and underlying mechanisms of tetrabromobisphenol A exposure on the soil nematode *Caenorhabditis elegans*[J]. Chemosphere，2020，242：125078.

[12] Zhou H, Yin N Y, Faiola F. Tetrabromobisphenol A（TBBPA）：A controversial environmental pollutant[J]. Journal of Environmental Sciences，2020，97：54-66.

[13] Shin Eun-su, Jeong Y, Barghi M, et al. Internal distribution and fate of persistent organic contaminants（PCDD/Fs，DL-PCBs，HBCDs，TBBPA，and PFASs）in a *Bos Taurus*[J]. Environmental Pollution，2020，267：115306.

[14] Tang J F, Feng J Y, Li X H, et al. Levels of flame retardants HBCD，TBBPA and TBC in surface soils from an industrialized region of east China[J]. Environmental Science：Processes & Impacts，2014，16（5）：1015-1021.

[15] Huang D Y, Zhao H Q, Liu C P, et al. Characteristics，sources，and transport of tetrabromobisphenol A and bisphenol A in soils from a typical e-waste recycling area in south China[J]. Environmental Science and Pollution Research，2014，21：5818-5826.

[16] Hou X W, Yu M, Liu A, et al. Biotransformation of tetrabromobisphenol A dimethyl ether back to tetrabromobisphenol A in whole pumpkin plants[J]. Environmental Pollution，2018，241：331-338.

[17] Cheng H M, Hua Z L. Distribution，release and removal behaviors of tetrabromobisphenol A in water-sediment systems under prolonged hydrodynamic disturbances[J]. Science of the Total Environment，2018，636：402-410.

[18] Lu J F, He M J, Yang Z H, et al. Occurrence of tetrabromobisphenol A（TBBPA）and hexabromocyclododecane（HBCD）in soil and road dust in Chongqing，western

China, with emphasis on diastereoisomer profiles, particle size distribution, and human exposure[J]. Environmental Pollution, 2018, 242: 219-228.

[19] Kotthoff M, Rüdel H, Jürling H. Detection of tetrabromobisphenol A and its mono-and dimethyl derivatives in fish, sediment and suspended particulate matter from European freshwaters and estuaries[J]. Analytical and Bioanalytical Chemistry, 2017, 409: 3685-3694.

[20] Yang S W, Wang S R, Liu H L, et al. Tetrabromobisphenol A: Tissue distribution in fish, and seasonal variation in water and sediment of Lake Chaohu, China[J]. Environmental Science and Pollution Research, 2012, 19: 4090-4096.

[21] D'Hollander W, Roosens L, Covaci A, et al. Brominated flame retardants and perfluorinated compounds in indoor dust from homes and offices in Flanders, Belgium[J]. Chemosphere, 2010, 81 (4): 478-487.

[22] Domingo J L. Polybrominated diphenyl ethers in food and human dietary exposure: A review of the recent scientific literature[J]. Food and Chemical Toxicology, 2012, 50 (2): 238-249.

[23] Wang S, Sun Z, Ren C, et al. Time-and dose-dependent detoxification and reproductive endocrine disruption induced by tetrabromobisphenol A (TBBPA) in mussel *Mytilus Galloprovincialis*[J]. Marine Environmental Research, 2023, 183: 105839.

[24] Covaci A, Voorspoels S, Abdallah M A E, et al. Analytical and environmental aspects of the flame retardant tetrabromobisphenol-A and its derivatives[J]. Journal of Chromatography A, 2009, 1216 (3): 346-363.

[25] Włuka A, Woźniak A, Woźniak E, et al. Tetrabromobisphenol A, terabromobisphenol S and other bromophenolic flame retardants cause cytotoxic effects and induce oxidative stress in human peripheral blood mononuclear cells (in vitro study) [J]. Chemosphere, 2020, 261: 127705.

[26] Barańska A, Bukowska B, Michałowicz J. Determination of apoptotic mechanism of action of tetrabromobisphenol A and tetrabromobisphenol S in human peripheral blood mononuclear cells: A comparative study[J]. Molecules, 2022, 27 (18): 6052.

[27] Cariou R，Antignac J P，Marchand P，et al. New multiresidue analytical method dedicated to trace level measurement of brominated flame retardants in human biological matrices[J]. Journal of Chromatography A，2005，1100（2）：144-152.

[28] 陈源，陈昂，蒋桂芳，等. 苯醚甲环唑对水生生物急性毒性评价[J]. 农药，2014，53（12）：900-903.

[29] 丁中海，王喆，潘国隆，等. 联苯胺对大型溞（*Daphnia magna*）的急性和慢性毒性试验[J]. 应用与环境生物学报，2005，11（1）：52-54.

[30] 沈燕飞，张咏，厉以强. 水质生物毒性检测方法的研究进展[J]. 环境科技，2009，22（A02）：68-72.

[31] 张彤，金洪钧. 大型溞 14d 慢性毒性试验研究[J]. 上海环境科学，1995，14（5）：37-38.

[32] Li S C，Yang R J，Yin N Y，et al. Developmental toxicity assessments for TBBPA and its commonly used analogs with a human embryonic stem cell liver differentiation model[J]. Chemosphere，2023，310：136924.

[33] Birnbaum L S，Staskal D F. Brominated flame retardants：Cause for concern？[J]. Environmental Health Perspectives，2004，112（1）：9-17.

[34] 邓结平，李赟，潘鲁青. 四溴双酚 A 对 7 种海洋微藻的急性毒性[J]. 中国海洋大学学报（自然科学版），2015（2）：54-59.

[35] 刘红玲，刘晓华，王晓秭，等. 双酚 A 和四溴双酚 A 对大型溞和斑马鱼的毒性[J]. 环境科学，2007，28（8）：1784-1787.

[36] 杜青平，彭润，刘伍香，等. 四溴双酚 A 对斑马鱼胚胎体内外发育的毒性效应[J]. 环境科学学报，2012，32（3）：739-744.

[37] 徐彤. TBBPA-DHEE 暴露对斑马鱼的神经毒性、易感性及分子机制研究[D]. 镇江：江苏大学，2021.

[38] 王晓丽，张运超，夏沪彬，等. 四溴双酚 A 对人体正常肝细胞毒性效应及作用机制[J]. 生态毒理学报，2021（2）：245-253.

[39] Zhang Q R，Wang S C，Wang F H，et al. TBBPA induces inflammation，apoptosis，and necrosis of skeletal muscle in mice through the ROS/Nrf2/TNF-α signaling pathway[J]. Environmental Pollution，2023，317：120745.

[40] 余建龙. 七种双酚类化合物雌激素活性评价及其在食品中检测方法的建立和应用[D]. 南昌：南昌大学，2014.

[41] Huang G Y，Ying G G，Liang Y Q，et al. Hormonal effects of tetrabromobisphenol A using a combination of in vitro and in vivo assays[J]. Comparative Biochemistry and Physiology Part C：Toxicology & Pharmacology，2013，157（4）：344-351.

[42] Wikoff D，Thompson C，Perry C，et al. Development of toxicity values and exposure estimates for tetrabromobisphenol A：Application in a margin of exposure assessment[J]. Journal of Applied Toxicology，2015，35（11）：1292-1308.

[43] 陈玛丽，瞿璟琰，刘青坡，等. 四溴双酚-A 和五溴酚对红鲫肝脏组织和超微结构的影响[J]. 安全与环境学报，2008，8（4）：8-14.

[44] Lu L R，Hu J J，Li G Y，et al. Low concentration tetrabromobisphenol A（TBBPA）elevating overall metabolism by inducing activation of the Ras signaling pathway[J]. Journal of Hazardous Materials，2021，416：125797.

[45] Lai D Y，Kacew S，Dekant W. Tetrabromobisphenol A（TBBPA）：Possible modes of action of toxicity and carcinogenicity in rodents[J]. Food and Chemical Toxicology，2015，80：206-214.

[46] 白承连，郑易，李星驰，等. 四溴双酚 A 对斑马鱼胚胎发育毒性和神经毒性研究[J]. 中国药事，2013，27（3）：292-297.

[47] Lilienthal H，Verwer C M，van der Ven L T M，et al. Exposure to tetrabromobisphenol A（TBBPA）in Wistar rats：Neurobehavioral effects in offspring from a one-generation reproduction study[J]. Toxicology，2008，246（1）：45-54.

[48] Chang B V，Yuan S Y，Ren Y L. Aerobic degradation of tetrabromobisphenol-A by microbes in river sediment[J]. Chemosphere，2012，87（5）：535-541.

[49] Liu Q S，Sun Z D，Ren X M，et al. Chemical structure-related adipogenic effects of tetrabromobisphenol A and its analogues on 3T3-L1 preadipocytes[J]. Environmental Science & Technology，2020，54（10）：6262-6271.

[50] Macêdo W V，Poulsen J S，Oliveira G H D，et al. Tetrabromobisphenol A（TBBPA）biodegradation in acidogenic systems：One step further on where and who[J]. Science of the Total Environment，2022，808：152016.

[51] 范真真，王竞，刘沙沙，等. 假单胞菌好氧降解四溴双酚 A 的特性[J]. 环境工程学报，2014，8（6）：2597-2604.

[52] Peng X X，Zhang Z L，Luo W S，et al. Biodegradation of tetrabromobisphenol A by a novel comamonas sp. strain，JXS-2-02，isolated from anaerobic sludge[J]. Bioresource Technology，2013，128：173-179.

[53] Tong F，Gu X Y，Gu C，et al. Insights into tetrabromobisphenol A adsorption onto soils：Effects of soil components and environmental factors[J]. Science of the Total Environment，2015，536：582-588.

[54] Hwang I K，Kang H H，Lee I S，et al. Assessment of characteristic distribution of PCDD/Fs and BFRs in sludge generated at municipal and industrial wastewater treatment plants[J]. Chemosphere，2012，88（7）：888-894.

[55] Zhang Y H，Tang Y L，Li S Y，et al. Sorption and removal of tetrabromobisphenol A from solution by graphene oxide[J]. Chemical Engineering Journal，2013，222：94-100.

[56] 杨珊珊. 铁基蒙脱石复合材料的制备及其对双酚类污染物的催化降解研究[D]. 广州：华南理工大学，2020.

[57] Islam M S，Zhou H D，Zytner R G. Biodegradation and metabolism of tetrabromobisphenol A（TBBPA）in the bioaugmented activated sludge batch bioreactor system by heterotrophic and nitrifying bacteria[J]. Water Environment Research，2018，90（2）：122-128.

[58] Xiong J K，Li G Y，Peng P A，et al. Mechanism investigation and stable isotope change during photochemical degradation of tetrabromobisphenol A（TBBPA）in water under LED white light irradiation[J]. Chemosphere，2020，258：127378.

[59] 张洁，侯梅峰，王丽萍. 紫外降解四溴双酚 A 影响因素及动力学研究[J]. 桂林理工大学学报，2011，31（1）：128-131.

[60] Huang S H，Wang Y，Wan J Q，et al. $Ti_3C_2T_x$ as electron-hole transfer mediators to enhance AgBr/BiOBr Z heterojunction photocatalytic for the degradation of tetrabromobisphenol A：Mechanism insight[J]. Applied Catalysis B：Environmental，2022，319：121913.

[61] Zhang Y H, Zhou S X, Su X, et al. Synthesis and characterization of Ag-loaded p-type TiO_2 for adsorption and photocatalytic degradation of tetrabromobisphenol A[J]. Water Environment Research, 2020, 92 (5): 713-721.

[62] Yao Y R, Yin L, He C, et al. Removal kinetics and mechanisms of tetrabromobisphenol A (TBBPA) by HA-n-FeS colloids in the absence and presence of oxygen[J]. Journal of Environmental Management, 2022, 311: 114885.

[63] Xiang M H, Huang M F, Li H, et al. Nanoscale zero-valent iron/cobalt@mesoporous hydrated silica core-shell particles as a highly active heterogeneous Fenton catalyst for the degradation of tetrabromobisphenol A[J]. Chemical Engineering Journal, 2021, 417: 129208.

[64] von Gunten U. The basics of oxidants in water treatment. Part B: Ozone reactions[J]. Water Science and Technology, 2007, 55 (12): 25-29.

[65] von Gunten U. Ozonation of drinking water: Part I. Oxidation kinetics and product formation[J]. Water Research, 2003, 37 (7): 1443-1467.

[66] Liu X W, Garoma T, Chen Z L, et al. SMX degradation by ozonation and UV radiation: A kinetic study[J]. Chemosphere, 2012, 87 (10): 1134-1140.

[67] Umar M, Roddick F, Fan L H, et al. Application of ozone for the removal of bisphenol A from water and wastewater-a review[J]. Chemosphere, 2013, 90 (8): 2197-2207.

[68] Zimmermann S G, Schmukat A, Schulz M, et al. Kinetic and mechanistic investigations of the oxidation of tramadol by ferrate and ozone[J]. Environmental Science & Technology, 2012, 46 (2): 876-884.

[69] Zhang J, He S L, Ren H X, et al. Removal of tetrabromobisphenol-A from waste water by ozonation[J]. Procedia Earth and Planetary Science, 2009, 1 (1): 1263-1267.

[70] Zhang H Q, Yamada H, Tsuno H. Removal of endocrine-disrupting chemicals during ozonation of municipal sewage with brominated byproducts control[J]. Environmental Science & Technology, 2008, 42 (9): 3375-3380.

[71] Kurokawa Y, Hayashi Y, Maekawa A, et al. Carcinogenicity of potassium bromate

administered orally to F344 rats[J]. Journal of the National Cancer Institute，1983，71（5）：965-972.

[72] 韩琦，董文艺，王宏杰，等. 臭氧降解低浓度四溴双酚 A 及生物毒性控制[J]. 哈尔滨工业大学学报，2019，51（8）：54-59.

[73] An J J，Zhu L H，Wang N，et al. Photo-Fenton like degradation of tetrabromobisphenol A with graphene $BiFeO_3$ composite as a catalyst[J]. Chemical Engineering Journal，2013，219：225-237.

[74] Feng Y P，Colosi L M，Gao S X，et al. Transformation and removal of tetrabromobisphenol A from water in the presence of natural organic matter via laccase-catalyzed reactions：Reaction rates，products，and pathways[J]. Environmental Science & Technology，2013，47（2）：1001-1008.

[75] Uhnáková B，Ludwig R，Pěknicová J，et al. Biodegradation of tetrabromobisphenol A by oxidases in basidiomycetous fungi and estrogenic activity of the biotransformation products[J]. Bioresource Technology，2011，102（20）：9409-9415.

[76] Pang S Y，Jiang J，Gao Y，et al. Oxidation of flame retardant tetrabromobisphenol A by aqueous permanganate：Reaction kinetics，brominated products，and pathways[J]. Environmental Science & Technology，2014，48（1）：615-623.

[77] Ortuño N，Moltó J，Conesa J A，et al. Formation of brominated pollutants during the pyrolysis and combustion of tetrabromobisphenol A at different temperatures[J]. Environmental Pollution，2014，191：31-37.

[78] 赵英男，覃星，赵鑫宇，等. 多酸掺杂 Bi_2O_{3-x}/Bi 光催化剂用于高效可见光催化降解四溴双酚 A 和 NO 去除[J]. 催化学报，2022，43（3）：771-781.

[79] Luo S，Yang S G，Wang X D，et al. Reductive degradation of tetrabromobisphenol A over iron-silver bimetallic nanoparticles under ultrasound radiation[J]. Chemosphere，2010，79（6）：672-678.

[80] 孙晓岩，强龙，项曙光. 量子化学方法应用于分子筛上苯与短链烯烃反应机理的研究进展[J]. 化工进展，2015，34（3）：624-627，637.

[81] 聂挺，单艳，胡川，等. 量子化学计算对 4 种抗氧化肽清除自由基活性机理判别分析[J]. 南昌大学学报（理科版），2015（1）：70-75.

[82] 伍林, 张正富, 孙力军. 量子化学方法及其在化学计算中的应用[J]. 广西轻工业, 2009, 25 (4): 42-43.

[83] Becke A D. A new mixing of Hartree-Fock and local density-functional theories[J]. The Journal of chemical physics, 1993, 98 (2): 1372-1377.

[84] 陈静波. 几种化学反应机理的量子化学理论计算[D]. 长沙: 中南大学, 2009.

[85] Priya A M, Senthilkumar L. Reaction of OH radical and ozone with methyl salicylate-a DFT study[J]. Journal of Physical Organic Chemistry, 2015, 28 (8): 542-553.

[86] Huang X, Peng L, Li S P, et al. Theoretical study on the sequential reduction and oxidation mechanism for tetrabromobisphenol A degradation under photocatalytic UV/Fenton conditions[J]. Theoretical Chemistry Accounts, 2015, 134: 1-12.

[87] He Q, Wang X H, Sun P, et al. Acute and chronic toxicity of tetrabromobisphenol A to three aquatic species under different pH conditions[J]. Aquatic Toxicology, 2015, 164: 145-154.

[88] Debenest T, Gagné F, Petit A N, et al. Ecotoxicity of a brominated flame retardant (tetrabromobisphenol A) and its derivatives to aquatic organisms[J]. Comparative Biochemistry and Physiology Part C: Toxicology & Pharmacology, 2010, 152 (4): 407-412.

[89] 国药试剂. http://www. reagent. com. cn/.

[90] Bruchajzer E, Szymanska J A, Piotrowski J K. Acute and subacute nephrotoxicity of 2-bromophenol in rats[J]. Toxicology Letters, 2002, 134 (1-3): 245-252.

[91] Bull R J. Use of toxicological and chemical models to prioritize DBP research[M]. Washington D.C.:American Water Works Association, 2006.

[92] 胡洪营, 吴乾元, 杨扬, 等. 面向毒性控制的工业废水水质安全评价与管理方法[J]. 环境工程技术学报, 2011, 1 (1): 46-51.

[93] Moslemi M, Davies S H, Masten S J. Empirical modeling of bromate formation during drinking water treatment using hybrid ozonation membrane filtration[J]. Desalination, 2012, 292: 113-118.

[94] Ratpukdi T, Casey F, DeSutter T, et al. Bromate formation by ozone-VUV in

comparison with ozone and ozone-UV: Effects of pH, ozone dose, and VUV power[J]. Journal of Environmental Engineering, 2011, 137 (3): 187-195.

[95] Kim H S, Yamada H, Tsuno H. Control of bromate ion and brominated organic compounds formation during ozone/hydrogen peroxide treatment of secondary effluent[J]. Water Science and Technology, 2006, 53 (6): 169-174.

[96] Dong W Y, Dong Z J, OuYang F, et al. Potassium permanganate/ozone combined oxidation for minimizing bromate in drinking water[C]//Advanced Materials Research. Aedermannsdorf: Trans Tech Publications Ltd, 2010, 113: 1490-1495.

[97] Siddiqui M S, Amy G L, McCollum L J. Bromate destruction by UV irradiation and electric arc discharge[J]. Ozone Science & Engineering, 1996, 18 (3): 271-290.

[98] Darnerud P O. Toxic effects of brominated flame retardants in man and in wildlifet[J]. Environment International, 2003, 29 (6): 841-853.

[99] Standardization G I O F. Water quality. Determination of the inhibition of the mobility of *Daphnia magna* straus(Cladocera, Crustacea)[S]. International Standard Iso, 1982, 6341-1982 (e).

[100] 李丽君, 刘振乾, 徐国栋, 等. 工业废水的鱼类急性毒性效应研究[J]. 生态科学, 2006, 25 (1): 43-47.

[101] 梁慧, 袁鹏, 宋永会, 等. 工业废水毒性评估方法与应用研究进展[J]. 中国环境监测, 2013 (6): 85-91.

[102] 徐建英, 赵春桃, 魏东斌. 生物毒性检测在水质安全评价中的应用[J]. 环境科学, 2014 (10): 3991-3997.

[103] Izsák R, Neese F. An overlap fitted chain of spheres exchange method[J]. The Journal of Chemical Physics, 2011, 135 (14): 98-343.

[104] Kossmann S, Neese F. Efficient structure optimization with second-order many-body perturbation theory: The RIJCOSX-MP2 method[J]. Journal of Chemical Theory and Computation, 2010, 6 (8): 2325-2338.

[105] Broséus R, Vincent S, Aboulfadl K, et al. Ozone oxidation of pharmaceuticals, endocrine disruptors and pesticides during drinking water treatment[J]. Water Research, 2009, 43 (18): 4707-4717.

[106] Kusvuran E, Gulnaz O, Samil A, et al. Detection of double bond-ozone stoichiometry by an iodimetric method during ozonation processes[J]. Journal of Hazardous Materials, 2010, 175 (1-3): 410-416.

[107] 杨德敏,夏宏,袁建梅. 臭氧氧化法处理焦化废水生化出水的反应动力学[J]. 环境工程学报, 2014, 8 (1): 32-37.

[108] Garoma T, Matsumoto S. Ozonation of aqueous solution containing bisphenol A: Effect of operational parameters[J]. Journal of Hazardous Materials, 2009, 167 (1-3): 1185-1191.

[109] Legube B, Parinet B, Gelinet K, et al. Modeling of bromate formation by ozonation of surface waters in drinking water treatment[J]. Water Research, 2004, 38 (8): 2185-2195.

[110] 邢思初, 隋铭皓, 朱春艳. 臭氧氧化水中有机污染物作用规律及动力学研究方法 [J]. 四川环境, 2010, 29 (6): 112-117.

[111] Pinkernell U, von Gunten U. Bromate minimization during ozonation: Mechanistic considerations[J]. Environmental Science & Technology, 2001, 35(12): 2525-2531.

[112] Ahmad M K, Mahmood R. Oral administration of potassium bromate, a major water disinfection by-product, induces oxidative stress and impairs the antioxidant power of rat blood[J]. Chemosphere, 2012, 87 (7): 750-756.

[113] 居洁, 高建荣, 李郁锦. 有机化合物的氧化溴化研究进展[J]. 应用化学, 2010, 27 (6): 621-625.

[114] Zhang K L, Huang J, Zhang W, et al. Mechanochemical degradation of tetrabromobisphenol A: Performance, products and pathway[J]. Journal of Hazardous Materials, 2012, 243 (DEC.): 278-285.

[115] Moslemi M, Davies S H, Masten S J, et al. Empirical modeling of bromate formation during drinking water treatment using hybrid ozonation membrane filtration: Science direct[J]. Desalination, 2012, 292 (292): 113-118.

[116] Sharma V K. Ferrate (Ⅵ) and ferrate (Ⅴ) oxidation of organic compounds: Kinetics and mechanism: Science direct[J]. Coordination Chemistry Reviews, 2013, 257 (2): 495-510.

[117] Yang Y E，Sharma V K，Ray A K. Ferrate（Ⅵ）：Green chemistry oxidant for degradation of cationic surfactant[J]. Chemosphere，2006，63（10）：1785-1790.

[118] 刘文芳，赵颖，蔡亚君，等. 高铁酸盐的制备及其在水和废水处理中的应用[J]. 环境工程技术学报，2015，5（1）：13-19.

[119] 赵景涛，马红超. 高铁酸盐稳定性研究进展[J]. 化学通报，2011，74（4）：340-345.

[120] Jiang J Q，Lloyd B. Progress in the development and use of ferrate（Ⅵ）salt as an oxidant and coagulant for water and wastewater treatment[J]. Water Research，2002，36（6）：1397-1408.

[121] 温国蛟，员建，郭江. 高铁酸盐预氧化技术在饮用水处理中的应用[J]. 环境科学与技术，2010（S2）：397-402.

[122] 王利平，徐金妹，董旭，等. 高铁酸钾药剂处理废水的研究现状[J]. 工业水处理，2007，27（10）：9-13.

[123] Gombos E，Felföldi T，Barkács K，et al. Ferrate treatment for inactivation of bacterial community in municipal secondary effluent[J]. Bioresource Technology，2012，107（2）：116-121.

[124] Jiang J Q，Wang S，Panagoulopoulos A. The role of potassium ferrate（Ⅵ）in the inactivation of Escherichia coli and in the reduction of COD for water remediation[J]. Desalination，2007，210（1-3）：266-273.

[125] Sharma V K. Oxidation of inorganic contaminants by ferrates（Ⅵ，Ⅴ，and Ⅳ）-kinetics and mechanisms：A review[J]. Journal of Environmental Management，2011，92（4）：1051-1073.

[126] Graham N，Jiang C C，Li X Z，et al. The influence of pH on the degradation of phenol and chlorophenols by potassium ferrate[J]. Chemosphere，2004，56（10）：949-956.

[127] Sharma V K，Luther Ⅲ G W，Millero F J. Mechanisms of oxidation of organosulfur compounds by ferrate（Ⅵ）[J]. Chemosphere，2011，82（8）：1083-1089.

[128] Anquandah G A K，Sharma V K，Knight D A，et al. Oxidation of trimethoprim by ferrate（Ⅵ）：Kinetics，products，and antibacterial activity[J]. Environmental Science & Technology，2011，45（24）：10575-10581.

[129] Yang B，Ying G G，Zhao J L，et al. Oxidation of triclosan by ferrate：Reaction kinetics，products identification and toxicity evaluation[J]. Journal of Hazardous Materials，2011，186（1）：227-235.

[130] Lee Y，Yoon J，von Gunten U. Kinetics of the oxidation of phenols and phenolic endocrine disruptors during water treatment with ferrate(Fe(Ⅵ))[J]. Environmental Science & Technology，2005，39（22）：8978-8984.

[131] Jiang J Q，Stanford C，Alsheyab M. The online generation and application of ferrate（Ⅵ）for sewage treatment：A pilot scale trial[J]. Separation & Purification Technology，2009，68（2）：227-231.

[132] Ciabatti I，Tognotti F，Lombardi L. Treatment and reuse of dyeing effluents by potassium ferrate[J]. Desalination，2010，250（1）：222-228.

[133] 王文国，王煊军，蒋大勇，等. 高铁酸盐氧化处理络合铜废水的试验[J]. 净水技术，2011，30（2）：23-27.

[134] Zarchi M A K，Taefi M. Oxidation of alcohols mediated by a polymer supported potassium ferrate as an effective mild oxidant[J]. Journal of Applied Polymer Science，2011，119（6）：3462-3466.

[135] Jain A，Sharma V K，Mbuya O S. Removal of arsenite by Fe（Ⅵ），Fe（Ⅵ）/Fe（Ⅲ），and Fe（Ⅵ）/Al（Ⅲ）salts：Effect of pH and anions[J]. Journal of Hazardous Materials，2009，169（1-3）：339-344.

[136] 肖瑜，章波，苏诚，等. 高铁酸钾氧化-沸石吸附联合处理垃圾渗滤液[J]. 桂林理工大学学报，2011，31（1）：123-127.

[137] Li G T，Wang N G，Liu B T，et al. Decolorization of azo dye orange Ⅱ by ferrate（Ⅵ）：Hypochlorite liquid mixture，potassium ferrate（Ⅵ）and potassium permanganate[J]. Desalination，2009，249（3）：936-941.

[138] 沈希装，王佳莹，杨玉峰，等. 高铁酸钾联合 H_2O_2 对酸性红 B 废水的预处理试验研究[J]. 浙江工业大学学报，2010，9（3）：304-307.

[139] Sharma V K，Bielski B H J. Reactivity of ferrate（Ⅵ）and ferrate（Ⅴ）with amino acids[J]. Inorganic Chemistry，1991，30（23）：4306-4310.

[140] Winkelmann K，Sharma V K，Lin Y，et al. Reduction of ferrate（Ⅵ）and oxidation

of cyanate in a Fe（Ⅵ）-TiO$_2$-UV-NCO-system[J]. Chemosphere，2008，72（11）：1694-1699.

[141] Lee Y，Yoon J，von Gunten U. Spectrophotometric determination of ferrate（Fe（Ⅵ））in water by ABTS[J]. Water Research，2005，39（10）：1946-1953.

[142] Sharma V K，Zboril R，Varma R S. Ferrates：Greener oxidants with multimodal action in water treatment technologies[J]. Acc Chem Res，2015，48（2）：182-191.

[143] Karlesa A，Vera G A D D，Dodd M C，et al. Ferrate（Ⅵ）oxidation of β-lactam antibiotics：Reaction kinetics，antibacterial activity changes，and transformation products[J]. Environmental Science & Technology，2014，48（20）：10380-10389.

[144] Jiang W J，Chen L，Batchu S R，et al. Oxidation of microcystin-LR by ferrate（Ⅵ）：Kinetics，degradation pathways，and toxicity assessments[J]. Environmental Science & Technology，2014，48（20）：12164-12172.

[145] Lee C，Lee Y，Schmidt C，et al. Oxidation of suspected n-nitrosodimethylamine（NDMA）precursors by ferrate（Ⅵ）：Kinetics and effect on the NDMA formation potential of natural waters[J]. Water Research，2008，42（1-2）：433-441.

[146] Xu G R，Zhang Y P，Li G B. Degradation of azo dye active brilliant red X-3B by composite ferrate solution[J]. Journal of Hazardous Materials，2009，161（2-3）：1299-1305.

[147] Cho M，Lee Y，Choi W，et al. Study on Fe（Ⅵ）species as a disinfectant：Quantitative evaluation and modeling for inactivating Escherichia coli[J]. Water Research，2006，40（19）：3580-3586.

[148] Wagner W F，Gump J R，Hart E N. Factors affecting the stability of aqueous potassium ferrate（Ⅵ）solutions[J]. Analytical Chemistry，1952，24（9）：1497-1498.

[149] Yang B，Ying G G. Oxidation of benzophenone-3 during water treatment with ferrate（Ⅵ）[J]. Water Research，2013，47（7）：2458-2466.

[150] Zhang P Y，Zhang G M，Dong J H，et al. Bisphenol A oxidative removal by ferrate（Fe（Ⅵ））under a weak acidic condition[J]. Separation & Purification Technology，2012，84：46-51.

[151] Jia C Z，Qin Q Y，Wang Y X，et al. Photocatalytic degradation of bisphenol A in

aqueous suspensions of titanium dioxide[J]. Advanced Materials Research，2012，433-440：172-177.

[152] Bouland S，Duguet J P，Montiel A. Evaluation of bromate ions level introduced by sodium hypochlorite during post-disinfection of drinking water[J]. Environmental Technology Letters，2005，26（2）：121-126.

[153] Li Y，Wu J S，Yong T Z，et al. Investigation of bromide removal and bromate minimization of membrane capacitive deionization for drinking water treatment[J]. Chemosphere，2021，280：130857

[154] Siddiqui M，Amy G，Zhai W Y，et al. Removal of bromate after ozonation during drinking water treatment[M]//Roger A M，Gary A. Disinfection By-Products in Water Treatment. Florida：CRC Press，1995：207-234.

[155] Moslemi M，Davies S H，Masten S J. Empirical modeling of bromate formation during drinking water treatment using hybrid ozonation membrane filtration：Science direct[J]. Desalination，2012，292：113-118.

[156] Galey C，Dilé V，Gatel D，et al. Impact of water temperature on resolving the challenge of assuring disinfection while limiting bromate formation[J]. Ozone Science & Engineering，2004，26（3）：247-256.

[157] Chao P F. Role of hydroxyl radicals and hypobromous acid reactions on bromate formation during ozonation[D]. Phoenix：Arizona State University，2002.

[158] Ratpukdi T，Casey F，DeSutter T，et al. Bromate formation by ozone-VUV in comparison with ozone and ozone-UV：Effects of pH，ozone dose，and VUV power[J]. Journal of Environmental Engineering，2010，137（3）：187-195.

[159] Antoniou M G，Andersen H R. Evaluation of pretreatments for inhibiting bromate formation during ozonation[J]. Environmental Technology，2012，33（13-15）：1747-1753.

[160] Fridman N，Lahav O. Formation and minimization of bromate ions within non-thermal-plasma advanced oxidation[J]. Desalination，2011，280（1-3）：273-280.

[161] Bull R J，Cottruvo J A. Research strategy for developing key information on bromate's mode of action[J]. Toxicology，2006，221（2-3）：135-144.

[162] Kim H S, Yamada H, Tsuno H. Control of bromate ion and brominated organic compounds formation during ozone/hydrogen peroxide treatment of secondary effluent[J]. Water Science & Technology, 2006, 53 (6): 169-174.

[163] Rush J D, Bielski B H J. Kinetics of ferrate (V) decay in aqueous solution. A pulse-radiolysis study[J]. Inorganic Chemistry, 1989, 28 (21): 3947-3951.

[164] Fischbacher A, Loeppenberg K, Sonntag C V, et al. A new reaction pathway for bromite to bromate in the ozonation of bromide[J]. Environmental Science & Technology, 2015, 49 (19): 11714-11720.

[165] Lee Y, Kissner R, von Gunten U. Reaction of ferrate (VI) with ABTS and self-decay of ferrate (VI): Kinetics and mechanisms[J]. Environmental Science & Technology, 2014, 48 (9): 5154-5162.